地理信息系统导论实验指导

（第3版）

余 明 主编

清华大学出版社
北京

内 容 简 介

本书是《地理信息系统导论(第3版)》的配套教材。根据"地理信息系统导论"本科教学实验大纲,共编排了8个实验项目:实验项目1桌面GIS的功能与菜单操作;实验项目2 GIS数据采集;实验项目3 GIS数据处理;实验项目4 GIS地形分析;实验项目5 GIS网络分析和缓冲区分析;实验项目6 GIS叠加分析;实验项目7 GIS地图设计与输出;实验项目8 DEM的研究应用。每个实验项目都提供"实验内容""实验目的"和"实验指导",尤其对每个实验的步骤、注意事项和具体应用给予指导。本书中的实验项目都是配合《地理信息系统导论(第3版)》所设置的,课程注重理论与实践相结合。同时,为了更好地帮助学生快速掌握GIS技术的基本操作,本书还配有实验指导视频,可通过扫码获取。

本书可作为地学、测绘学、资源与环境、生态学等本科专业基础学习用书,也是一本GIS入门的读者值得参考的实验教材。

图书在版编目(CIP)数据

地理信息系统导论实验指导/余明主编. —3版. —北京:清华大学出版社,2023.5
ISBN 978-7-302-62621-3

Ⅰ.①地…　Ⅱ.①余…　Ⅲ.①地理信息系统－实验－高等学校－教学参考资料　Ⅳ.①P208-33

中国国家版本馆CIP数据核字(2023)第017530号

审　图　号:GS京(2022)1306号

责任编辑:张占奎
封面设计:陈国熙
责任校对:欧　洋
责任印制:曹婉颖

出版发行:清华大学出版社
　　　网　　　址:http://www.tup.com.cn,http://www.wqbook.com
　　　地　　　址:北京清华大学学研大厦A座　　　邮　　编:100084
　　　社　总　机:010-83470000　　　　　　　　邮　　购:010-62786544
　　　投稿与读者服务:010-62776969,c-service@tup.tsinghua.edu.cn
　　　质量反馈:010-62772015,zhiliang@tup.tsinghua.edu.cn
印　装　者:三河市天利华印刷装订有限公司
经　　销:全国新华书店
开　　本:185mm×260mm　印　张:10.5　　　　字　　数:252千字
版　　次:2009年7月第1版　2023年6月第3版　印　　次:2023年6月第1次印刷
定　　价:39.80元

产品编号:090565-01

21 世纪是信息时代,信息技术和空间技术不仅推动了地球科学的信息化和数字化,而且极大地推动了地理信息科学的发展。地理信息系统(GIS)是地理信息科学的重要组成部分,掌握 GIS 技术对于地理及相关专业的本科生而言,既是时代的要求,也是学科的要求。本教材作为《地理信息系统导论(第 3 版)》配套用书,通过在计算机上安排实验操作,使学生能够加深理解所学的基本理论与方法,增强对各类常用 GIS 软件功能的了解,掌握常用的 GIS 软件操作方法与 GIS 空间分析技巧,为初学者今后进一步从事 GIS 深入应用打好基础,这也是编写本实验指导的目的。根据"地理信息系统导论"教学实验大纲要求,本书编排了 8 个实验项目。其中实验项目 1、2 由李慧博士编写,实验项目 3、4、6 由叶金玉博士编写;实验项目 5、7 由林威博士编写,实验项目 8 由吴勇博士编写。最后由余明教授统稿完成。所有实验项目都提供实验内容、实验目的和实验指导。以 ArcGIS 软件为主要平台,循序渐进地指导学生掌握 GIS 基本操作方法和注意事项,以及在实际中的应用。

本实验教材以项目带实验,要求学生通过数据的采集、成果地图表达与设计、输出等,掌握数字化仪、扫描仪、绘图仪等 GIS 专业设备的操作技能;基于 GIS 数据库,要求学生独立完成 GIS 数据处理、分析、输出,并能掌握一些重要的 GIS 应用,如 DEM 分析、缓冲分析、网络分析与空间叠加分析等。为方便学生在有限计算机实验操作课时(一般 16 或 32 学时)内能迅速掌握 GIS 基本操作,本实验教材特提供数据源及实验操作指导视频。本实验教材不仅对学生今后进一步学习 GIS 及深入应用是有益的帮助,而且对教师指导学生掌握 GIS 方法也有一定的参考价值。

因 2020 年以来的疫情影响,导致实验教材与主教材未能同步出版,书中的一些应用数据有滞后现象。由于编者水平有限,书中难免存在不足之处,敬请专家和同行不吝指正。

余明

2023 年 3 月于泉州

C ONTENTS 目 录

桌面GIS的功能与菜单操作

实验数据1

实验1视频

一、实验内容

（1）了解 ArcGIS 软件的界面、功能及菜单操作。

（2）实现图层简单符号化。

二、实验目的

通过 ArcGIS 实例演示与操作，初步掌握主要菜单、工具条、命令按钮等的使用；加深对课堂学习的 GIS 基本概念和基本功能的理解。

三、实验指导

（一）国内外主流 GIS 软件

地理信息系统(GIS)从 20 世纪 60 年代开始至今，已有长足的发展。经归纳整理，国内外主要的 GIS 软件产品的名称、发行商(或开发单位)、运行平台及相关产品等见表 1.1～表 1.3。本教材主要介绍 ArcGIS 10.6 中文版软件的基本操作和应用。

表 1.1　国内主要 GIS 软件产品

名　称	开发单位	运行平台
中地数码(MapGIS)	武汉中地信息工程公司、武汉中地数码科技有限公司	Windows
武大吉奥(GeoStar)	武汉大学吉奥信息技术有限公司	Windows
城市之星(CityStar)	北京大学城市与环境学系和遥感所	Windows
天维 GIS(TWGIS)	天津天威科技开发有限公司	Windows
超图 GIS(SuperMap)	中国科学院地理信息产业中心、北京超图地理信息技术有限公司	Windows
吉威 GIS(GEOWAY)	北京吉威数源信息技术有限公司	Windows

续表

名　　称	开 发 单 位	运行平台
地信之窗（ViewGIS）	北京资信电子技术开发公司	Windows
朝夕 GIS（MapEngineer）	北京朝夕科技有限责任公司	Windows
方正智绘（EzMap2003）	北大方正电子公司	Windows
GeoMap	石油地质制图系统	Windows

表 1.2　国外主要商业 GIS 软件

名　　称	公　　司	系 统 平 台
ArcGIS	ESRI	Windows/ Linux
AutoCAD	Autodesk	Windows/Macintosh
Bentley Map	Bentley Systems，Inc	Windows
Cartographica	Cartographica	Macintosh
XMAP	GeoXphere	Windows
GeoMedia	Hexagon	Windows
Manifold	Manifold	Windows
Ortelius	MAPDIVA	Macintosh
MapInfo Pro	Precisely	Windows
Maptitude	Caliper	Windows
SuperGIS Desktop	Supergeo Technologies	Windows
TatukGIS Editor	AutoDesk	Windows
Terrain Tools	Softree	Windows
TerrSet	Clark Lab	Windows
TNT Product	Microimages	Wnidows/UNIX/Macintosh
WinGIS	ProGIS	Windows95/98/NT

表 1.3　国内外主要开源 GIS 软件

名　　称	运 行 平 台	网　　址	特　　点
QGIS	Windows，Mac，Linux，Android	www. qgis. org	综合 GIS
GeoDa	Windows，Mac，MIT	http://geodacenter. github. io/	空间分析
uDig	Windows，Mac，Linux	http://udig. refractions. net	基本制图
GRASS GIS	Windows，Mac，Linux	http://grass. osgeo. org	综合 GIS
GeoServer	支持 JAVA 的平台	http://geoserver. org	移动端
gvSIG	支持 JAVA 的平台	http://gvisg. com/en	网络 GIS
ILWIS	Windows	http://52north. org/software-projects/ilwis/	GIS 及遥感软件
MapWindow 5	Windows	http://mapwindow. org	流域、盆地建模
SAGA GIS	Windows/Linux	http://saga-gis. sourceforge. net/en/	空间分析

（二）ArcGIS 软件简介

1. ArcGIS 简介

ArcGIS 是美国 ESRI(Environmental Systems Research Institute)公司开发的通用地理信息系统(GIS)软件。ArcGIS 现已发展成为符合工业标准,整合数据库、软件工程、人工智能、网络技术、云计算等主流 IT 技术的 GIS 产品体系,是一套从桌面到服务器、移动端,从空间数据的浏览、编辑到分析建模,从工具软件到开发包的完整的 GIS 平台。

自 1982 年发布第一个版本 ARC/INFO 1.0 以来,ArcGIS 软件经过 40 多年的不断发展,已经成为一个多平台综合地理信息系统软件。2001 年 ESRI 公司发布的 ArcGIS 8.1 构造了一个革命性的数据模型,设计了完全开放的体系结构,并成为一个可伸缩系统;2004年 ESRI 推出了新一代版本 ArcGIS 9 软件,引入两个新产品,即 ArcGIS Engine 和 ArcGIS Server;2010 年,ESRI 推出 ArcGIS 10,这是一款支持云架构的 GIS 平台,在 Web 2.0 时代实现了协同 GIS、3DGIS、一体化 GIS、时空 GIS 和云 GIS 的五大飞跃。自 ArcGIS 10 发布以来,功能不断完善升级,如版本 10.8.1。2015 年 ESRI 曾又发布全新 Ribbon 界面的 ArcGIS 核心软件 ArcMap 的更新产品 ArcGIS Pro 1.0,也不断升级版本 2.6.2(2020 年 10 月)。

ArcGIS 产品家族包括 ArcGIS Desktop 和 ArcGIS Pro 桌面系统;ArcGIS Online 和 ArcGIS Enterprise 网络组件;ArcGIS Apps 应用;ArcGIS APIs、SDKs 和 ArcPy 开发工具等。本书以 ArcGIS 10.6 为教学版本,主要学习使用 ArcGIS Desktop,产品体系如图 1.1 所示。ArcGIS Desktop 是为 GIS 专业人士提供的用于创建和使用地理信息的工具软件,是 ArcGIS 软件系列中的基础,主要功能包括地理数据的创建、编辑和管理,传统及高级的空间分析及专业制图和地理数据、地图分享。

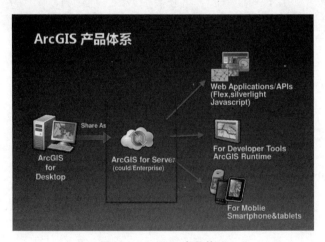

图 1.1　ArcGIS 产品体系

2. ArcGIS 10.6 桌面系统(ArcGIS Desktop)

1) ArcGIS Desktop 简介

ArcGIS Desktop 是一套完整的软件体系,包括 ArcMap、ArcCatalog、ArcToolbox、ArcScene

和 ArcGlobe 应用程序。ESRI 公司为 ArcGIS Desktop 提供了基础(Basic)、标准(Standard)和高级(Advanced)三个等级的许可,功能依次增强。基础版具有综合制图、简单的空间分析和数据处理功能;标准版在基础版的基础上添加了数据高级编辑功能;高级版是 ArcGIS Desktop 旗舰版本,在标准版的基础上又添加了高级空间分析功能,许可对 ArcGIS Desktop 所有应用软件有效。

2) ArcMap 简介

ArcMap 是 ArcGIS Desktop 中的主要制图组件,是 ArcGIS Desktop 的核心,也是本书学习的主要内容。ArcMap 可以完成所有基于地图的任务,包括地图制图、地图编辑和分析等。使用 ArcMap 可以进行数据的浏览、符号化、查询、分析和输出等。ArcMap 启动界面及常用的两种视图界面如图 1.2～图 1.4 所示。

图 1.2　ArcMap 启动界面和启动对话框

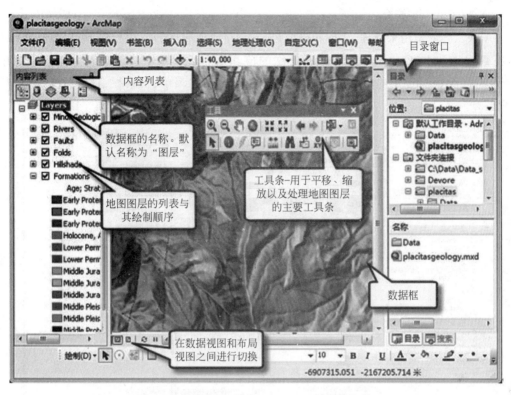

图 1.3 数据视图(引自 ArcGIS 10.6 帮助文档)

图 1.4 布局视图(引自 ArcGIS 10.6 帮助文档)

pp. 6

3）ArcCatalog 简介

ArcCatalog 是用来管理、访问和探究（Explore）地理数据的应用程序，可以建立和维护地理数据库。ArcCatalog 作为一个独立的应用程序，其部分功能也可以在 ArcMap、ArcGlobe、ArcScene 中的 Catalog 窗口实现。界面包括主菜单、工具栏、目录树及预览窗口（图1.5）。

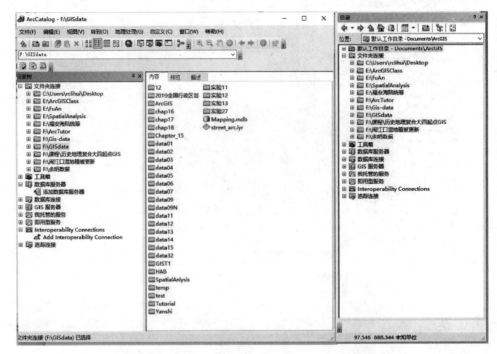

图 1.5　ArcCatalog 界面和 ArcMap 中的 Catalog 窗口

4）ArcToolbox 简介

ArcToolbox 集成了 ArcGIS Desktop 数据处理和空间分析功能的各种工具（Tool）。根据核心和扩展功能 ArcToolbox 划分为若干个工具箱（Toolbox），每个工具箱又根据功能的相似性划分为若干个工具集（Toolset），每个工具集由下一级的工具集或者具体工具组成。ArcToolbox 没有单独的应用程序，而是 ArcGIS Desktop 中所有程序共享，即在 ArcMap、ArcCatalog、ArcScene 中都可以调用，其界面如图 1.6 所示。

5）ArcGlobe 和 ArcScene 简介

ArcGlobe 和 ArcScene 是 ArcGIS 提供的两个 3D 可视化环境（图1.7）。但它们在投影方式、处理数据量大小方面有区别。ArcGlobe 是 ArcGIS 3D Analyst 扩展模块的组成部分，通常专用于超大型数据集，并允许对栅格和要素数据进行无缝可视化。为了快速导航和显示，矢量要素通常被栅格化。ArcScene 适用平面投影、处理数据量小的数据，所有数据均加载到内存，允许相对快速的导航、平移和缩放功能。矢量要素仍渲染为矢量，栅格数据缩减采样或配置为用户指定的固定行列数。它们非常适合生成非全球区域的允许导航 3D 要素和栅格数据并与之交互的透视图场景。

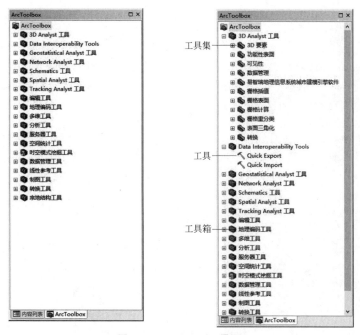

图 1.6　ArcToolbox 界面

图 1.7　ArcGlobe、ArcScene 典型视图（源自 ArcGIS 帮助文档）

（三）ArcGIS 桌面软件基本操作

所需数据：GIS-data\Data1 目录下的福州市政区图（FuzhouZQ. shp）、水系图（FuzhouSxL. shp）、各级行政中心图等。

1. 初识 ArcMap

（1）启动 ArcMap 并浏览 Fuzhou. mxd 地图。单击 Windows 屏幕右下角"开始|所有程序|ArcGIS|ArcMap 10.6"，打开 ArcMap 10.6 应用程序，见图 1.8。

（2）再启动对话框，通过单击"浏览更多"，选中位于 Data1 文件夹下的 Fuzhou. mxd，并单击"打开"，见图 1.9。

（3）勾选图层。打开的地图有五个图层：福州市水系图（FuzhouSxL）、福州市政区图（FuzhouZQ）、福州各级居民点（省级行政中心、县市级行政中心、乡镇级行政中心）。不勾选"福州市政区图层"，政区图将在数据框不可见，见图 1.10。

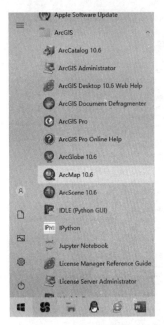

图 1.8 启动应用程序

（4）了解点线面图层以及图与属性数据的关系。水系图层是线图层,包含一些线状要素;政区图层是面图层,包含多边形要素;利用识别工具(图 1.11)查询任意要素的属性信息,体会 GIS 空间数据与属性数据相联系的强大功能(图 1.12)。

（5）了解 ArcMap 各个菜单,如 ArcMap 文件菜单下有打印命令及页面设置命令等(图 1.13)。

（6）使用标准工具条上的放大 🔍、缩小 🔍、漫游 ✋ 和全视图 ⊕ 等工具浏览 Fuzhou.mxd 地图文档。

（7）设置可见比例范围。

当为地图图层设置了最小比例尺(图层能显示的最小比例尺)时,如果将地图缩小超过了最小比例尺,地图图层不会显示。当为地图图层设置了最大比例尺(图层能显示的最大比例尺)时,如果将地图放大超过了最大比例尺,地图图层也不会显示。

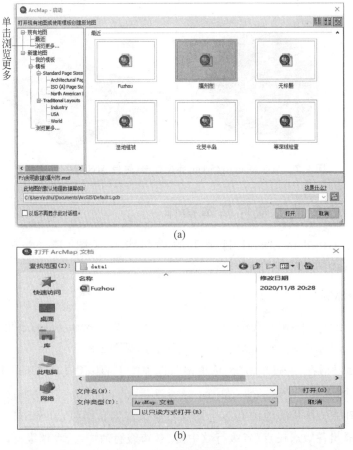

(a)

(b)

图 1.9 打开地图

(a) 打开现有地图；(b) 打开地图文档

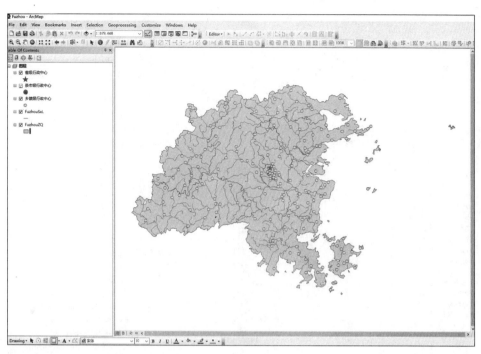

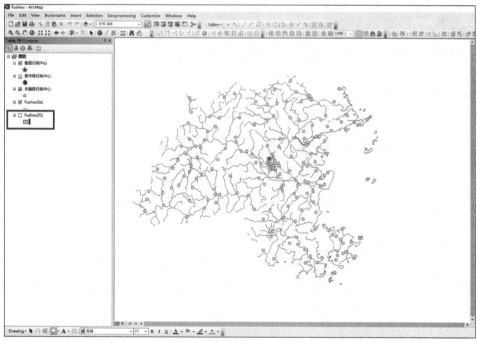

图 1.10 ArcMap 福州数据视图

图 1.11 标准工具条及识别工具

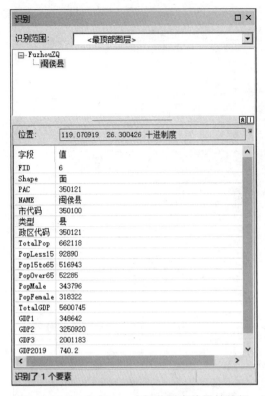

图 1.12　FuzhouZQ 一个面状要素的属性特征

图 1.13　ArcMap 文件菜单

为"县市级行政中心"图层设置最小比例尺(1∶300000)：

① 在标准工具条中的比例尺文本框中,输入比例尺：1∶300000(图 1.14)。

图 1.14　设置显示比例尺

② 右击"县市级行政中心"图层,然后单击"可见比例范围(V)|设置最小比例(N)",如图 1.15 所示。

③ 同理为"乡镇级行政中心"图层设置最小比例尺(1∶250000)。

④ 使用缩放工具,体验不同图层按比例显示。

本章提示 1：地图文档的扩展名是 mxd,地图文档包含三类信息：①该文档要显示哪些地理信息? ②这些地理信息存储在哪里? ③这些信息怎样符号化? 要注意的是地图文档并不存储数据本身,只是存储文件保存的路径。

本章提示 2：ArcMap 内容列表中各个图层的名称可以修改,但并不影响数据源的名称。比如,把内容列表中图层 FuzhouZQ 改成"福州政区图",在 Catalog 中查看数据源的名称仍然是 FuzhouZQ.shp。

2. 初识 ArcCatalog

(1) 使用 ArcMap 浏览 Fuzhou.mxd。

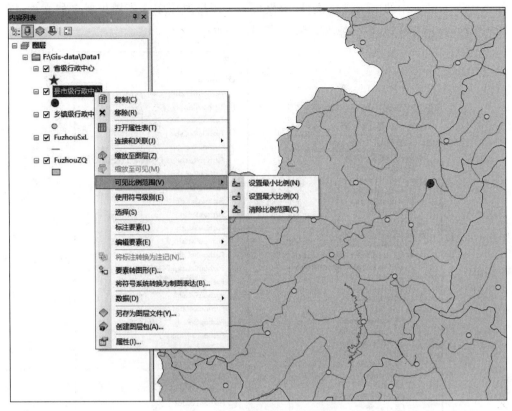

图 1.15　设置可见比例范围

　　ArcGIS Desktop 有两个版本的 ArcCatalog，一个是完全版本的，可以从"开始"程序中打开，另一个是集成在 ArcMap、ArcScene、ArcGlobe 中可以实现部分功能的目录窗口。在 ArcMap 中有两种方式打开 ArcCatalog。

　　① 通过如图 1.16 所示 ArcMap 标准工具条上的目录窗口工具。

目录窗口工具

图 1.16　标准工具条的目录命令

　　② 使用 ArcMap 窗口（W）菜单下的目录（T）命令（图 1.17）。

　　（2）认识图层的图标。在目录窗口的顶部可以看到默认工作目录，在此可以找到我们浏览的地图文档 Fuzhou. mxd。

　　在目录窗口中每个图层前面有显示各类图层的图标，方便识别。▦表示栅格数据，▣表示多边形图层，▤表示线状图层，◙表示地图文档。

　　（3）认识 Shapefile 数据。Shapefile 是 ArcGIS 常见的地理数据格式之一，在本实验中的政区数据、水系数据都是 shapefile 格式，打开 Windows 资源管理器，找到 data1 文件夹，对比在资源管

图 1.17　ArcMap 窗口菜单下目录命令

理器和 ArcCatalog 中的 shapefile 文件,会发现一个图层对应多个不同扩展名的文件,因此最好用 ArcCatalog 复制、移动地理数据,如图 1.18 所示。

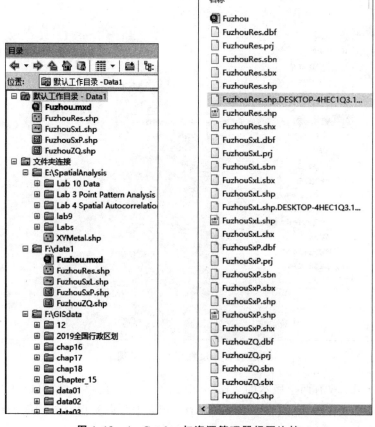

图 1.18　ArcCatalog 与资源管理器视图比较

(4) 单击"开始|所有程序|ArcGIS|ArcCatalog 10.6",打开全版本的 ArcCatalog 程序。全版本的 ArcCatalog 软件界面与 ArcMap 中的 Catalog 窗口相似,但是增加了内容、预览和描述标签窗口(图 1.5)。

(5) 单击 ArcCatalog 标准工具条上的链接文件夹按钮 建立文件夹链接(图 1.19),并预览 FuzhouZQ.shp 数据(图 1.20)。

图 1.19　ArcCatalog 标准工具条

本章提示 3:Shapefile 数据虽是非拓扑结构,但它能直接用于不同的 GIS 软件,且没有像 GeoDatabase 的版本问题,共享性强,现在应用仍十分广泛。

本章提示 4:Geodatabase 是 ArcGIS 目前主流的数据格式,它是基于对象的 GIS 数据模型,可以将空间数据和属性数据有效地组织在一起,利于处理复杂、数据量大的空间对象。有 File Geodatabase(文件数据库)和 Personal Geodatabae(个人数据库)之分。

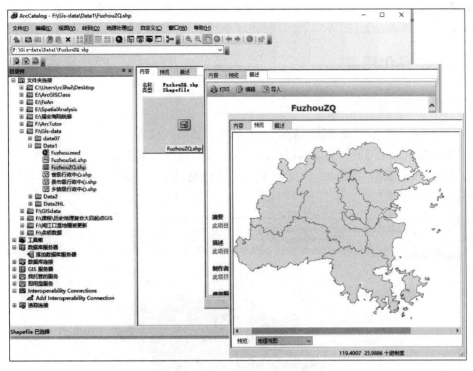

图 1.20　ArcCatalog 福州数据预览

3. 初识 ArcToolbox

（1）打开 ArcMap，单击标准工具条上的 ArcToolbox 工具 ，打开 ArcToolbox 窗口，单击任意工具集前面的"＋"号，浏览并了解 ArcGIS 提供的地理数据及地理空间分析工具（图 1.6）。

（2）任意双击一个具体工具，了解熟悉工具对话框，如投影工具对话框（图 1.21）。

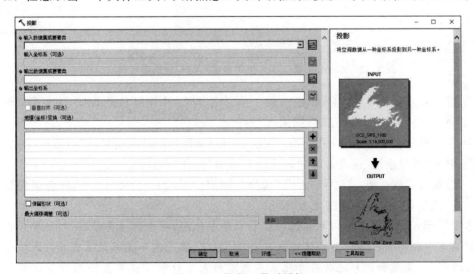

图 1.21　投影工具对话框

本章提示 5：如果不确定用什么工具，可以用搜索的方法找到适合的工具。在 ArcMap 的窗口菜单下，单击搜索(R)命令，可以打开搜索对话框(图 1.17)。

（四）符号化图层

1. 创建福州市政区图

（1）启动 ArcMap，添加 FuzhouZQ.shp 数据并浏览属性表。

① 单击"开始|所有程序|ArcGIS|ArcMap 10.6"启动 ArcMap。

② 单击"添加数据"按钮 ✦，浏览到 Data1 文件夹，选中 FuzhouZQ.shp，单击"添加"。ArcMap 默认使用填充多边形符号绘制福州市政区图(图 1.22)。

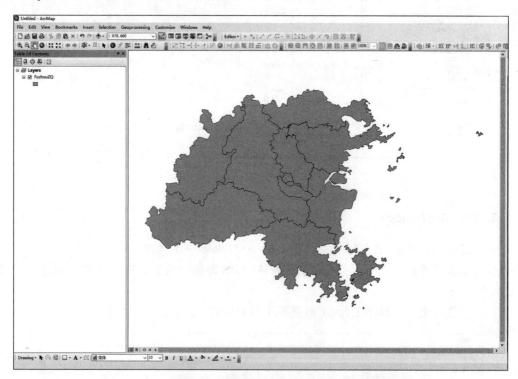

图 1.22　ArcMap 默认填充使用多边形符号绘制福州市政区图

③ 打开属性表，浏览属性数据(图 1.23)：右击内容列表中图层 FuzhouZQ|"打开属性表"。

（2）重新符号化"FuzhouZQ"图层。

① 在内容列表中右击"FuzhouZQ"图层，选择"属性"打开"图层属性"对话框(图 1.24)。

② 单击"符号系统"选项卡，在"显示(S)"区域，选择"类别|唯一值"(图 1.25)。

③ 设置对话框选项："值字段(V)"选择"NAME"字段；"色带(C)"选择合适的颜色体系。单击"应用(A)"，结果如图 1.26 所示。

本章提示 6：ArcGIS 可以利用属性值自动绘制地图，对于面状要素，一般的符号化方法是色彩填充和轮廓线；点状要素通过点的大小、形状、填充色和边界线来表示；线状要素则可以通过线形、宽度和色彩进行符号化。在内容列表窗口中可以单击任意符号化后的图标进行单独修改。

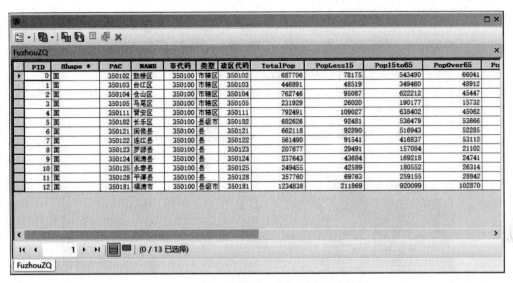

图 1.23　FuzhouZQ.shp 部分属性数据

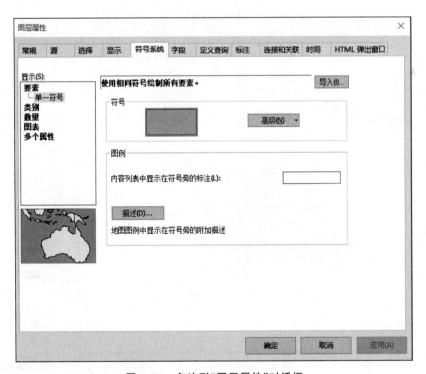

图 1.24　多边形"图层属性"对话框

本章提示 7：定性数据一般用"类别"符号化，有三种形式：唯一值、多个字段唯一值及与样式中符号匹配。

2. 创建福州市人口数量分级图

（1）启动 ArcMap 并添加 FuzhouZQ. shp 数据，在内容列表中右击"FuzhouZQ"图层，

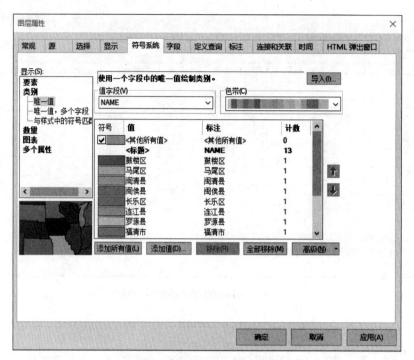

图 1.25　设置图层显示符号系统

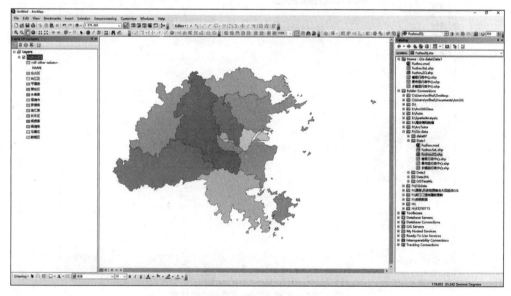

图 1.26　福州市政区图

选择"属性"打开"图层属性"对话框。

（2）单击"符号系统"选项卡，在"显示（S）"区域，选择"数量|分级色彩"，如图 1.27 所示。

（3）采用分级色彩，"字段|值（V）"选择"TotalPop"（福州市各县市区 2010 年总人口数）；"字段|归一化（N）"选择"无"，"分类"设置默认。

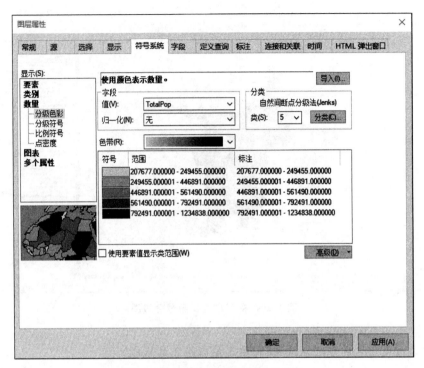

图 1.27　利用定量属性符号化地图

（4）为了标注简洁，可以单击"标注"，打开"数值格式"对话框，"类别｜数值"设置中"取整"选择"有效数字位数（S）"，参见图 1.28。然后单击"确定"，回到属性对话框，单击"应用（A）"，得到福州市人口数量分级图（图 1.29）。

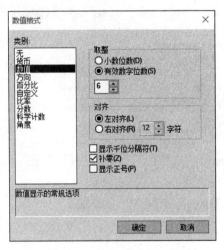

图 1.28　设置数值格式对话框

本章提示 8：定量数据的符号化表达的信息与分类方法密切相关，ArcGIS 提供了多种分类方法，包括：自然断点分类法（Natural Break Jenks）、手动分类法（Manual）、等间隔分类法（Equal Interval）、定义间隔分类法（Defined Interval）、分位数分类法（Quantile）、标准差分类法（Standard Deviation）、几何间隔分类法（Geometrical Interval）等。

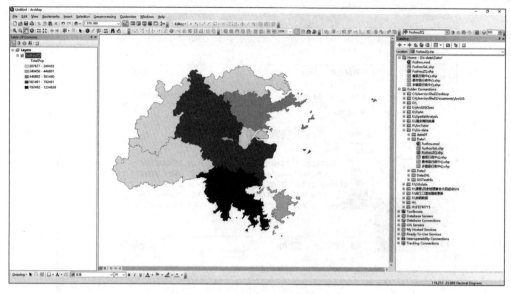

图 1.29　福州市人口数量分级图

3. 创建福州市人口年龄结构图(利用定量属性创建地图)

（1）启动 ArcMap 并添加 FuzhouZQ. shp 数据，在内容列表中右击"FuzhouZQ"图层，选择"属性"打开"图层属性"对话框。

（2）单击"符号系统"选项卡，在"显示(S)"区域，选择"图表|饼图"，如图 1.30 所示。

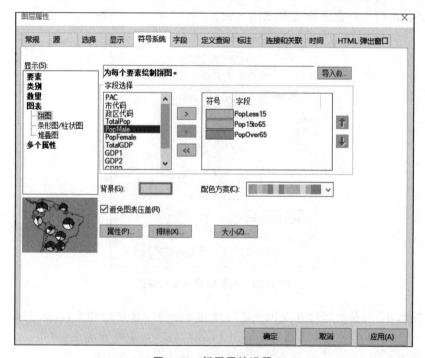

图 1.30　饼图属性设置

　　（3）选择三个字段"Popless15""Pop15to65""PopOver65"，并选择适宜的配色方案（图 1.30），设置饼图的属性如"大小（Z）"，最后单击"应用（A）"，生成福州市人口年龄结构饼状图（图 1.31）。

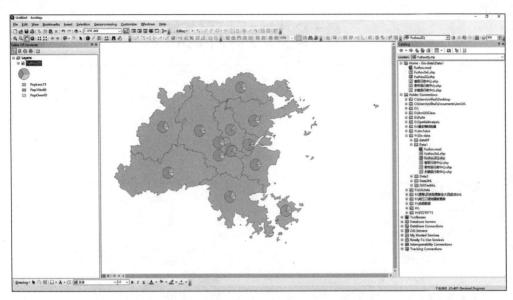

图 1.31　福州市人口年龄结构饼状图

实验项目2

GIS数据采集

实验数据2

实验2视频

一、实验内容

(1) 栅格图像配准。

(2) 屏幕跟踪数字化。

二、实验目的

(1) 了解地图配准的概念及原理。

(2) 掌握 ArcMap 中栅格地图配准的方法。

(3) 掌握 ArcMap 中栅格数据矢量化的流程。

(4) 掌握点、线、面各种要素类型的基本编辑方法。

三、实验指导

(一) 栅格图像配准

栅格图像配准实际就是建立栅格图像的物理坐标(这里指屏幕坐标)和地理坐标(实际地理位置)之间的关系,ArcMap 栅格图像配准由地理配准(G)工具条实现,所需数据为 GIS-data\data2\FUZHOU.jpg(图 2.1)。

图 2.1　地理配准工具条

1. 启动 ArcMap,并加载栅格图像 FUZHOU.jpg

栅格图像 FUZHOU.jpg 是扫描纸质地图后保存为 jpg 格式的福州市区交通图。通过 ArcMap 主菜单的添加数据工具✦,或者目录窗口浏览至已建立链接的 Gis-data\Data2 文件夹,将 FUZHOU.jpg 拖放至 ArcMap 数据窗口。此时 ArcMap 会提示该数据没有空间参考,单击"确定",关闭提示对话框(图 2.2)。

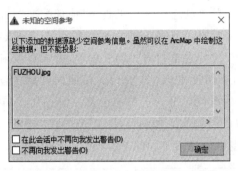

图 2.2 加载未配准栅格图像提示信息

2. 设置数据框的坐标系属性

有两种方式可以打开数据库属性对话框。一种是单击菜单"视图(V)|数据框属性";另一种是用鼠标在数据框视图空白处右击,激活快捷菜单,打开"数据框属性"对话框(图 2.3)。在"坐标系"选项卡中选择"地理坐标系|亚洲|Beijing 1954"。单击"应用(A)"退出"数据框属性"对话框。

图 2.3 数据框快捷菜单及"数据框属性"对话框

3. 加载地理配准工具条并添加控制点

(1) 单击 ArcMap 主菜单"自定义(C)|工具条|地理配准",打开地理配准工具条。

(2) 添加控制点。单击配准工具条上的添加控制点工具 ✐ ,在栅格图像上单击选定的经纬度交叉点添加控制点,然后右击打开 DMS 命令,输入经度和纬度值,即在"输入坐标 DMS"对话框,输入正确的经纬度坐标(图 2.4)。按照同样的方法,添加至少 4 个控制点。控制点的选择尽量布满图幅并均匀分布。添加全部控制点后,可以单击"查看链接工具表" ⊞ 打开"链接"对话框查看已经输入的控制点(图 2.5)。在"链接"对话框中可以保存已经添加的控制点到文本文件,也可以选择不同的"变换(T)"方式。

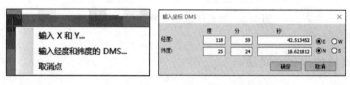

图 2.4　添加控制点输入经纬度坐标

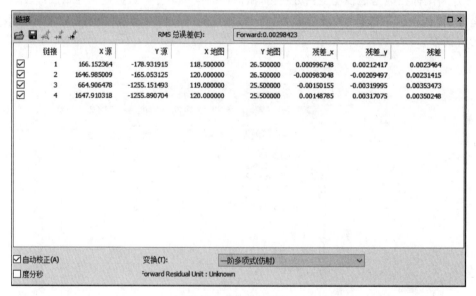

图 2.5　控制点列表

4. 设置坐标转换方式,进行地图配准并保存

(1) 单击"地理配准(G)|变换(T)|一阶多项式(仿射)",选择仿射变换。

(2) 单击"地理配准(G)|校正(R)",打开创建新的变换后的栅格数据图像,并校正栅格图像对话框(图 2.6),保存配准后的栅格图像为 FUZHOUPZ.tif。

本章提示 1:ArcGIS 提供了多种变换方法,仿射变换是一阶多项式,需要至少不在同一条线上的三个控制点。多项式阶数越高,需要的控制点的数量越大。

本章提示 2:控制点的选择尽可能满幅,且均匀。

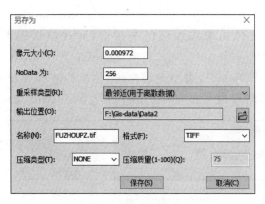

图 2.6 校正栅格图像对话框

（二）屏幕数字化

本节所需数据为上节栅格图像配准校正后的图像文件（FUZHOUPZ.tif）。

1. 创建新的 shapefile 文件

（1）在 ArcMap 打开目录窗口。在目录树中，浏览至 GIS-data 文件夹下的 Data2 文件夹，右击 Data2 文件夹，选择"新建|Shapefile"，打开创建新 Shapefile 对话框。在对话框"名称"字段填入新建数据文件的名称——"FuzhouM"，选择"面"要素类型。在空间参考区域单击"编辑"，打开"空间参考属性"选项卡，选择与前面栅格图像配准相同的坐标系 GCS_Beijing_1954（图 2.7），单击"确定"关闭创建新 Shapefile 对话框。

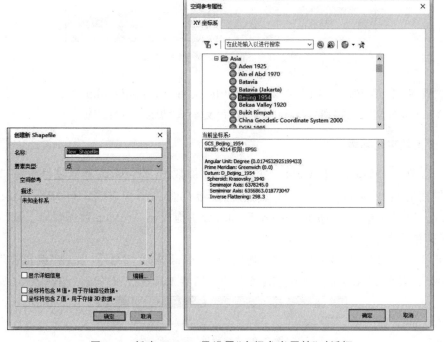

图 2.7 新建 Shapfile 及设置"空间参考属性"对话框

（2）给新建 Shapefile 添加字段。新创建的 FuzhouM.shp 会自动加载到 ArcMap 内容列表，由于新建的数据文件尚未添加任何要素，因此在数据框不会显示任何内容。在 Catalog 窗口，右击新建的 FuzhouM.shp，打开 Shapefile 属性表，单击"字段"选项卡，在"字段名"第一个空白栏处填"Name"，类型选择"文本"，"文本"长度选择填"12"（预设 6 个汉字）。按照上述方法再添加字段名称"Area"，类型"浮点型"（图 2.8）。关闭属性对话框。

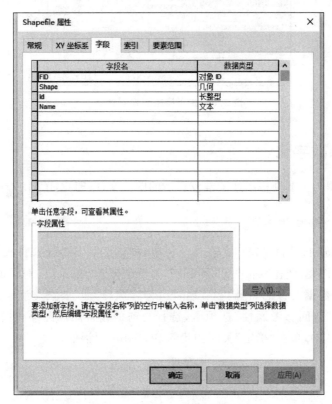

图 2.8   "Shapefile 属性"对话框

（3）按照上述方法，再创建点 Shapefile 文件 FuzhouD.shp 和线 Shapefile 文件 FuzhouX.shp，分别添加字段"Name"（类型为"文本"，"长度"为"12"）。

2. 设置数字化环境

（1）启动 ArcMap，通过 ArcMap 主菜单的添加数据工具 ◈，或者通过目录窗口浏览至已建立链接的 GIS-data\Data2 文件夹，将已配准的栅格图像 FUZHOUPZ.tif 及新建的 FuzhouM.shp、FuzhouX.shp 和 FuzhouD.shp 分别拖放至 ArcMap 数据窗口。调整显示顺序，确保栅格图在最下方。

（2）单击 ArcMap"自定义（C）|工具条（T）|编辑器（E）"命令，加载"编辑器"工具条（图 2.9）；或者单击 ArcMap 标准工具条上的编辑器工具条按钮，打开"编辑器"工具条。

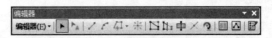

图 2.9   "编辑器"工具条

3. 利用编辑工具分别数字化点、线、面图层并进行属性编辑

(1) 在"编辑器"工具条中单击"编辑器(E)|开始编辑"命令,进入编辑状态。

(2) 在内容列表中单击"FuzhouM"图层下的要素符号,打开"符号选择器"对话框,设置面状要素的样式、填充颜色、轮廓颜色和宽度等(图 2.10),设置完成后单击"确定"按钮退出。

(3) 在"编辑器"工具条中单击"编辑器|编辑窗口|创建要素",打开"创建要素"对话框,也可以单击"编辑器"工具条中的创建要素按钮打开此窗口。选择"FuzhouM"为编辑图层,"创造工具栏"显示相应类型要素的创建工具:如面、矩形、椭圆等(图 2.11)。单击"面工具",激活创建面工具。

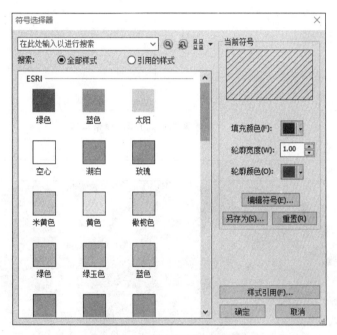

图 2.10　面状要素符号选择器

(4) 数字化福州市各个县区的行政边界。将视图比例尺放大到适合跟踪数字化的比例尺(此处比如 1:100000),确保激活面工具后,用鼠标左键单击,沿着福州市某一区县的边界依次添加结点,当数字化完成时,双击鼠标左键完成数字化一个面要素(图 2.12)。

本章提示 3:ArcMap 提供了非常方便的视图转换快捷键,在数字化过程中可以按住 C键来移动视图;按住 Z 键放大视图;按住 X 键缩小视图。

本章提示 4:数字化相邻的具有公共边的面要素时,要选用"自动完成面"工具数字化,只需要开始和结束的结点都在已经数字化的多边形要素内即可。

(5) 编辑面要素属性数据。在编辑器工具条中单击"编辑器|编辑窗口|属性",打开"属性"编辑窗口,也可以单击"编辑器"工具条中的属性按钮打开此窗口。选中已数字化的多边形,在"Name"字段填写属性,本例为"罗源县"(图 2.13)。可以一边数字化空间要素,一边编辑属性数据,也可以将空间数据全部数字化完后再编辑属性数据,注意编辑窗口的切换和正确工具的选择即可。

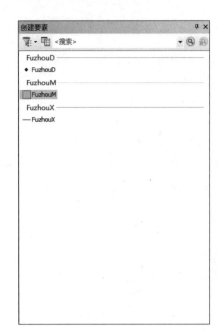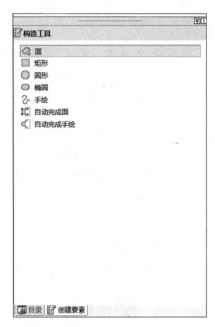

图 2.11 "创建要素"窗口和面要素构建

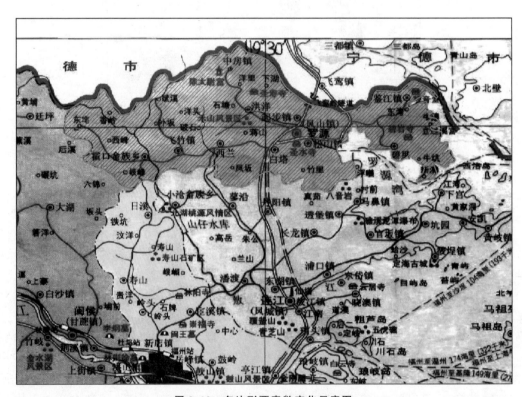

图 2.12 多边形要素数字化示意图

（6）点要素的编辑辑。在编辑状态下,在创建要素窗口选中待数字化的点图层
FuzhouD. shp,激活点构造工具▣。在数据视图比例尺适当的情况下,单击要采集的行政中

图 2.13　"属性"编辑窗口及创建要素和属性窗口切换标签

心,如福州市,点要素尽量采集中心点(如图 2.14 所示)。可以按照与前面修改面要素符号属性相同的方法调用点要素的符号选择器,选取适当的符号(图 2.15)。采集完空间要素后,在该要素选中高亮状态下,切换到属性编辑窗口,编辑属性。

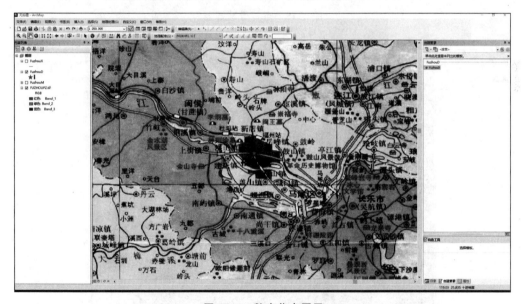

图 2.14　数字化点图层

(7) 线要素的编辑。在编辑状态下,在创建要素窗口选中待数字化的线图层 FuzhouX. shp,激活线构造工具 ╱。在数据视图比例尺适当的情况下,单击要采集的河流、道路等线状要素,双击鼠标左键结束采集(图 2.16)。在该要素选中高亮状态下,切换到属性编辑窗口,编辑要素的属性值。

4. 空间数据的基本编辑

ArcMap 提供了丰富的编辑工具,可以对已经数字化的数据进行合并、移动、分割等操作,这里仅介绍常用的几个面要素编辑工具和线要素编辑工具。

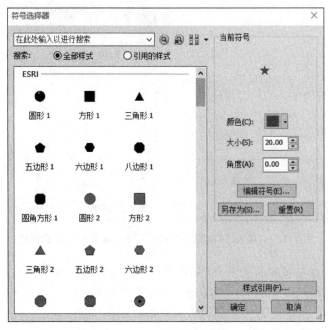

图 2.15　点符号选择器

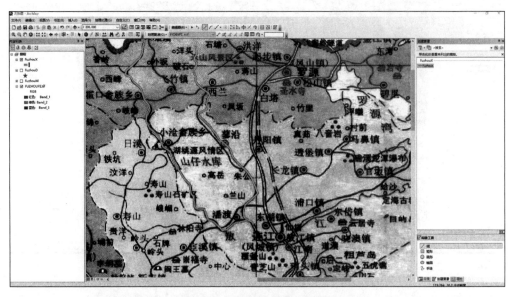

图 2.16　线要素采集示意图

（1）编辑结点工具。选中已数字化的面或者线要素,在编辑工具条中单击编辑结点工具按钮，打开编辑结点工具条(图 2.17),同时构成该要素的全部结点以绿色方块的形式显示出来,方便利用编辑结点工具条中的增加结点工具和删除结点工具改变要素的形状(图 2.17)。

（2）剪切面工具。利用剪切面工具可以将选中的图斑分割成为两个部分。如图 2.18所示,将罗源县沿西侧的河流分割成两个多边形。

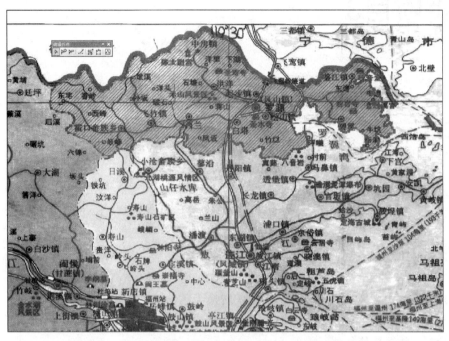

图 2.17 结点编辑工具条及处于结点编辑状态的面要素

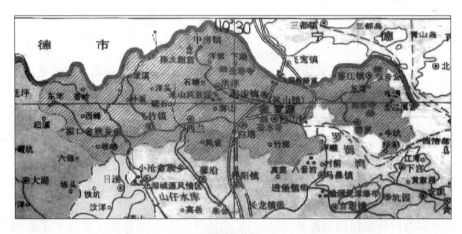

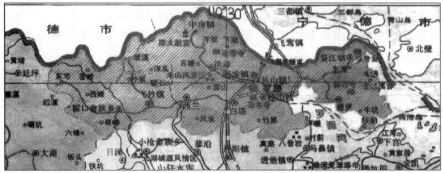

图 2.18 剪切面工具使用示例

实验项目3

GIS数据处理

实验数据3

实验3视频1

实验3视频2

一、实验内容

（1）数据格式变换，将数据从 CAD 格式转换为 ArcGIS 的 shape 格式。

（2）投影变换，在 ArcGIS 中进行数据的投影定义和变换。

（3）空间数据插值。

二、实验目的

（1）通过实验，了解 GIS 数据处理的主要方法，加深理解理论课上所学的基本原理。

（2）通过实验操作，掌握数据格式转换、投影变换和空间数据插值的方法及应用。

三、实验指导

（一）数据格式转换

由于不同的软件采用的数据格式不一样。ArcToolbox 的转换工具提供了不同数据格式的转换方法（图 3.1），这里以 CAD 数据的转换为例进行说明。

CAD 数据是一种常用的数据格式，如许多工程图、规划图等都是该格式。在 ArcGIS 中可以将 CAD 数据转换成 Shapefile、要素类和地理数据库，也可以将 Shapefile、要素类转换成 CAD 数据。

1. CAD 数据转换成 Shapefile

1）打开 CAD 数据

所需数据：GIS_data\Data3\Ex1 目录下的 CAD 格式数据 fz_xzq.dwg。

以加载数据的形式添加 CAD 数据（fz_xzq.dwg）到地图窗口，显示如图 3.2 所示。可以看到，CAD 数据按分层的形式显示点、线、面、注记等不同要素。

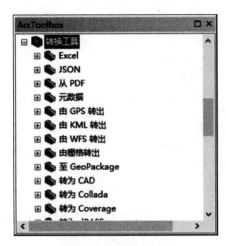

图 3.1　数据转换工具

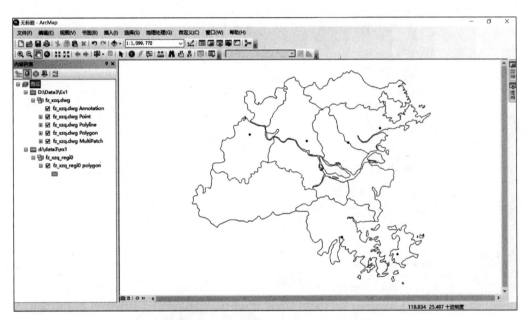

图 3.2　在 ArcMap 中打开 CAD 福州数据

2）导出为 Shapefile 格式

在内容列表框中单击右键 fz_xzq.dwg Polygon,选择"数据|导出数据",打开"导出数据"对话框(图 3.3);在"导出"文本框中选择"所有要素",在"输出要素类"文本框中,单击旁边的图标 ,打开"保存数据"对话框(图 3.4);在"保存类型"文本框中选择 Shapefile,并指明目标文件(转换后的文件)的保存路径及文件名,单击"保存"按钮回到"导出数据"对话框,单击"确定"按钮,完成操作。

3）查看格式转换结果

将格式转换后的图层加载到地图窗口,显示如图 3.5 所示,也可以打开其属性表查看其属性信息。

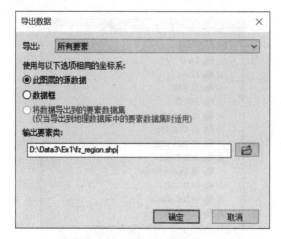

图 3.3 导出数据

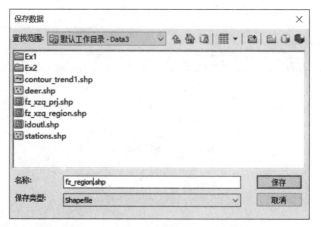

图 3.4 设置保存数据格式及文件名

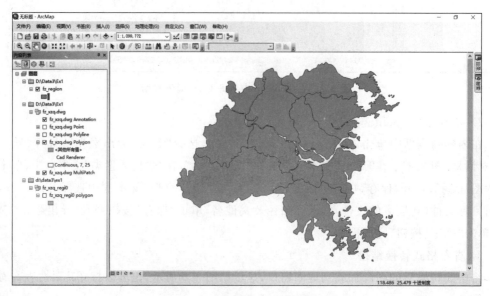

图 3.5 查看福州格式转换结果

如果要实现 CAD 数据转换成要素类和地理数据库,则可以利用 ArcToolbox 的"转换工具|转出至地理数据库|CAD 至地理数据库"命令来完成,也可以直接在内容列表框中右键单击 fz_xzq. dwg Polygon,选择"转换 CAD 要素图层"或"转换 CAD 要素数据集"来完成。

本章提示 1:在转换过程中,如果没有设定转换后的空间参考,其原来坐标信息通常会丢失,但可通过后面的定义投影实验给其重新定义坐标系。

2. Shapefile 或要素类转换为 CAD 格式

所需数据:GIS_data\Data3\Ex1 目录下的 shapefile 格式数据 fz_region. shp,也可以直接用上面练习的转换结果数据。

1)打开"导出为 CAD"对话框

利用 ArcToolbox 的"转换工具|转为 CAD|导出为 CAD"命令来完成,或直接在内容列表框中右键单击要转出的图层(如 fz_region),选择"数据|导出为 CAD",打开"导出为 CAD"对话框(图 3.6)。

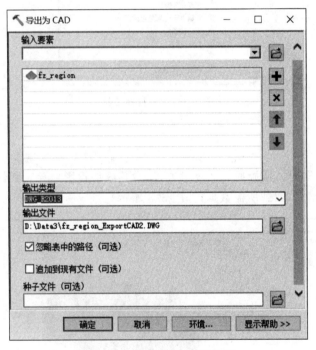

图 3.6　"导出为 CAD"对话框

2)设置转换参数

(1)在"输入要素"文本框中选择需要转换的要素,可以选择多个图层,在下方的列表中列出了所选择的要素,通过其右侧的上下箭头,可以对选择的多个要素的顺序进行排列;

(2)在"输出类型"文本框中选择输出的 CAD 文件的版本,如 DWG_R2013;

(3)在"输出文件"文本框中指定输出的 CAD 文件存放路径及名称;

(4)"忽略表中的路径"为可选按钮(默认状态是不选择),在选择状态下,将输出单一格式的 CAD 文件;

(5)"追加到现有文件"为可选按钮(默认状态是不选择),在选择状态下,可将输出的数

据添加到已有的 CAD 文件中,并在"种子文件"对话框中浏览确定所需的已有 CAD 文件;
单击"确定"按钮,完成操作。

(二)投影变换

所需数据:GIS_data\Data3\Ex2 目录下的 shapefile 格式数据 Fz_xzq_region.shp。

利用 ArcToolbox 中的"数据管理"工具箱下的"投影和变换"工具集中的工具(图 3.7),
可以实现定义及变换数据的空间参照系统。

图 3.7　投影变换工具

1. 定义投影

定义投影是指根据数据源原有的投影方式,为其添加投影信息。具体操作过程如下:
(1) 打开 ArcMap,加载所需数据(如图 3.8 所示)。

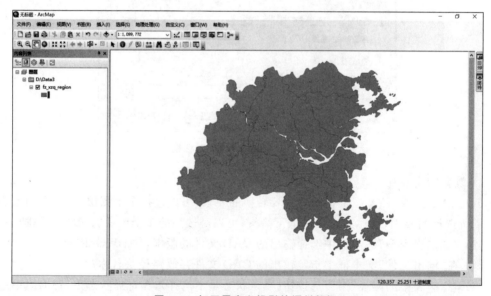

图 3.8　打开需定义投影的福州数据

（2）打开定义投影对话框。选择"ArcToolbox|数据管理工具|投影和变换|定义投影"，打开"定义投影"对话框（图3.9）。

图 3.9 "定义投影"对话框

（3）设置投影参数。在"输入数据集或要素类"文本框中选择要进行定义投影的数据，在"坐标系"文本框中显示为 Unknown，表明原始数据没有坐标系统。单击旁边的图标 ，打开"空间参考属性"对话框（图3.10），设置数据的投影参数，设置好后单击"确定"按钮。

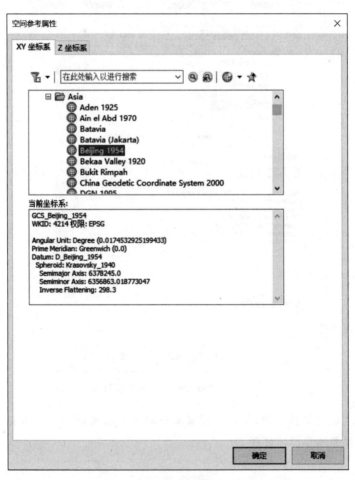

图 3.10 "空间参考属性"对话框

（4）返回"定义投影"对话框（图3.11），单击"确定"按钮，完成定义投影操作。

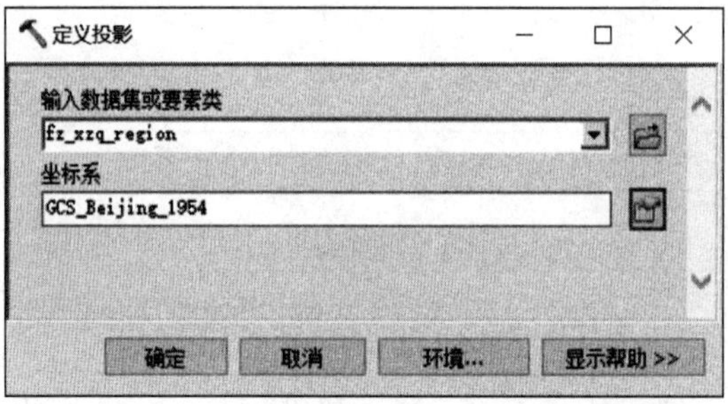

图 3.11　已设置完参数的"定义投影"对话框

完成后重新加载数据至新的数据框中，右键单击内容列表框中的"图层｜属性"，打开"数据框属性"窗口，在其"坐标系"选项框中可以看到数据当前的坐标系信息（图3.12）。

图 3.12　查看投影定义后的坐标系

本章提示 2：在定义投影时，其参数设置要与数据源原有的投影参数保持一致，包括投影类型、投影参数和地球椭球体等。

2. 投影变换

投影变换是将一种地图投影转换为另一种地图投影，包括投影类型、投影参数和地球椭球体等的改变。ArcToolbox的数据管理工具集中的投影和变换工具分为矢量数据和栅格数据两种类型,这里以矢量数据的投影变换为例进行说明,主要步骤如下。

(1)打开"投影"对话框。选择"ArcToolbox|数据管理工具|投影和变换|投影",打开"投影"对话框,如图3.13所示。

图3.13　"投影"对话框

(2)设置投影变换参数。如图3.14所示,在"投影"对话框中,在"输入数据集或要素类"文本框中选择要进行投影变换的图层;在"输入坐标系"文本框中定义原图层的投影,如果原始数据有投影,则系统自动读取其投影信息并显示在该文本框中;在"输出数据集或要素类"

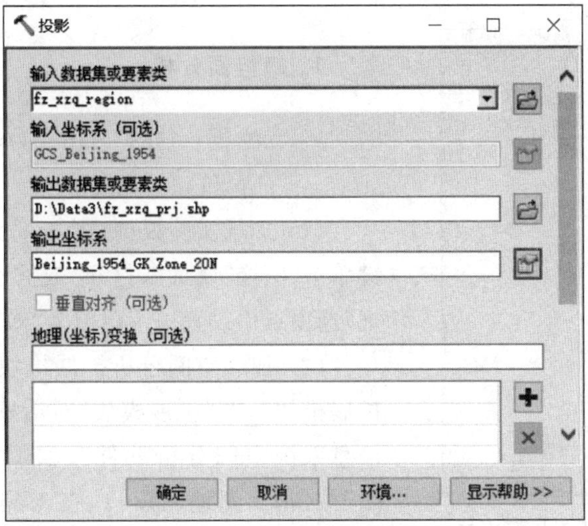

图3.14　设置投影变换参数

文本框中指定输出图层的存放路径及文件名；单击"输出坐标系"文本框旁边的图标，打开"空间参考属性"对话框(图3.10)，选择输出图层的投影。选择好后，单击"确定"返回到"投影"对话框。

（3）单击"确定"按钮，完成投影变换操作。

（4）打开新的数据框，加载投影变换后的数据到地图窗口，查看其坐标信息(图3.15)。

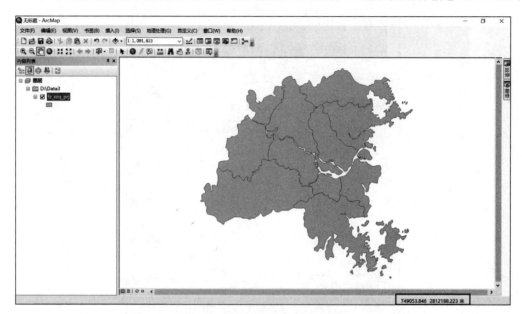

图3.15　投影变换后的福州地图

（三）空间插值

ArcToolbox 的"3D Analyst 工具""Geostatistical Analyst 工具"及"Spatial Analyst 工具"中均可实现空间插值。这里以"Spatial Analyst 工具"中的"插值分析"为例进行说明(图3.16)。

图3.16　空间分析工具箱中的
插值分析工具

1. 趋势面分析

所需数据：GIS_data \ Data3 \ Ex3 目录下的 stations. shp 和 idoutl. shp。

（1）加载实验数据(图3.17)，在内容列表框中右键单击"图层|属性"，打开"数据框属性"对话框，在"常规"选项卡中设置地图单位为"米"，见图3.18。

（2）加载空间分析扩展模块。单击"自定义(C)|扩展模块"，在"扩展模块"对话框中勾选"易智瑞地理信息系统空间分析软件"，如图3.19所示，单击"关闭"按钮，回到地图窗口，在工具栏空白处单击右键，再次勾选"易智瑞地理信息系统空间分析软件"。

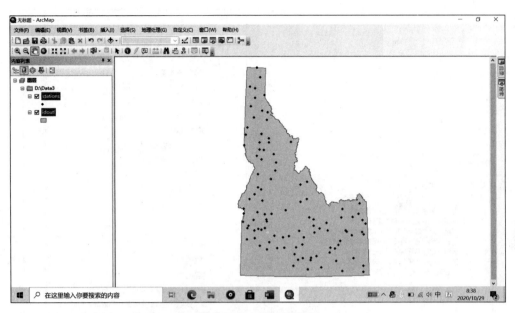

图 3.17　加载实验数据

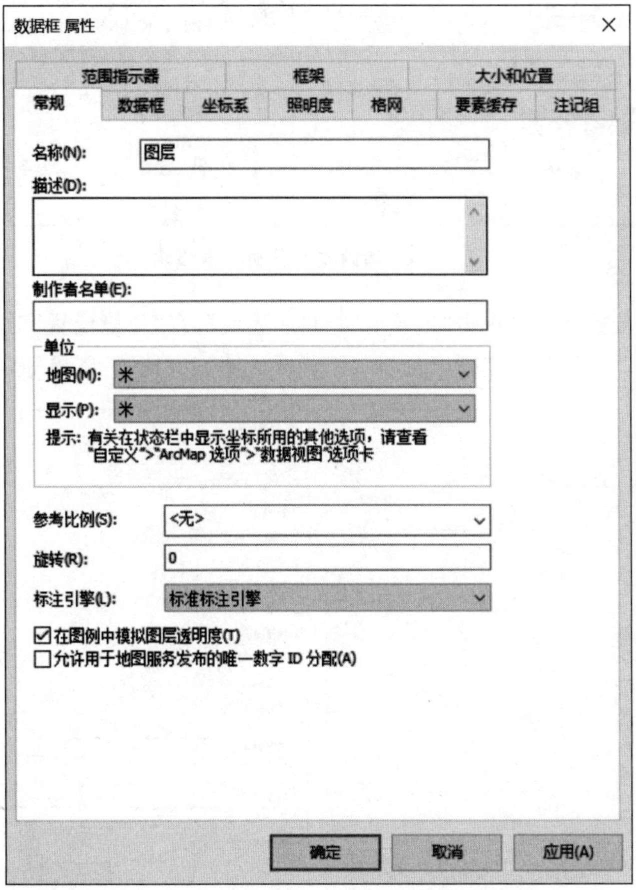

图 3.18　设置地图单位

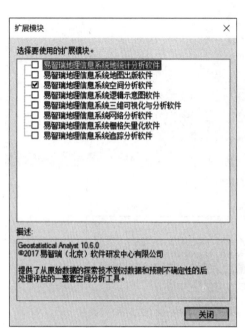
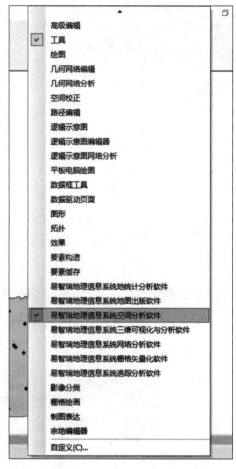

图 3.19 加载空间分析扩展模块

（3）设置空间分析环境。单击"地理处理（G）|环境"，在"环境设置"对话框中，设置"工作空间""输出坐标系""处理范围""栅格分析"的"像元大小"和"掩膜"图层等，如图 3.20 所示。

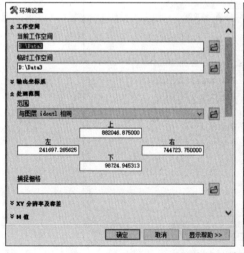

图 3.20 设置空间分析环境

（4）空间插值。选择"ArcToolbox｜Spatial Analyst 工具｜插值分析｜趋势面法"，打开"趋势面法"插值对话框（图 3.21）。在"输入点要素"文本框中指定待插值数据是 stations；在"Z 值字段"文本框中指定插值字段为 ANN_PREC；在"输出栅格"文本框中指定输出图层存放路径及文件名；在"输出像元大小（可选）"文本框中指定输出图层的像元大小为2000；在"多项式的阶（可选）"文本框中指定阶数为 3；其他参数按默认；单击"确定"按钮完成操作，获得插值结果，如图 3.22 所示。

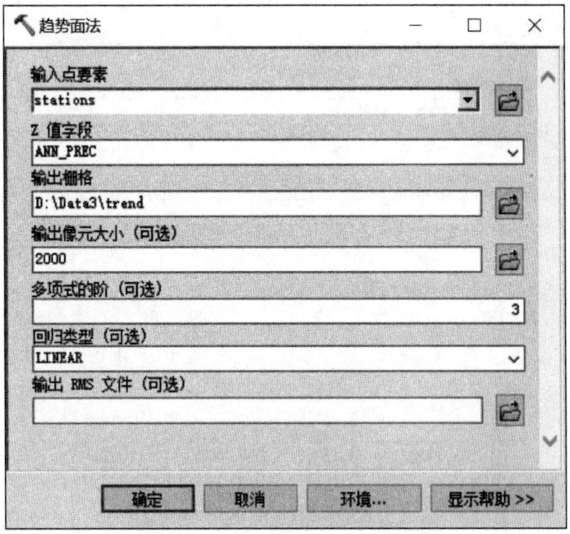

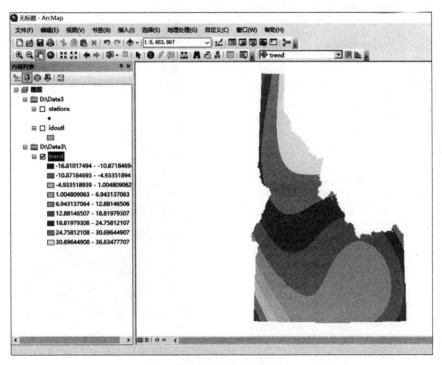

图 3.21　趋势面法插值参数设置

图 3.22　趋势面法插值结果

（5）提取等值线。选择"ArcToolbox｜Spatial Analyst 工具｜表面分析｜等值线"，打开"等值线"生成对话框（图 3.23）；在"输入栅格"文本框中指定待提取等值线的图层；在"输出折线要素"中指定输出等值线的存放路径及文件名；在"等值线间距"文本框中设定间距为 5；在"起始等值线（可选）"文本框中设定起始等值线为 10，单击"确定"按钮完成操作，生成趋势面插值结果等降雨量线，如图 3.24 所示。

图 3.23　生成等值线参数设置

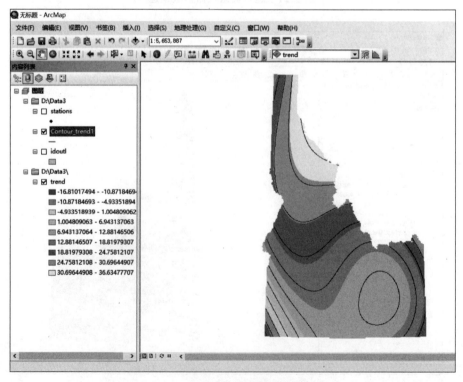

图 3.24　趋势面插值结果等降雨量线

（6）标注等值线。在内容列表框中右键单击等值线图层（这里是 Contour_trend1），选择"属性"，打开"图层属性"对话框（图 3.25），单击"标注"选项卡，在"文本字符串"框中，选择 CONTOUR 为标注字段，在"文本符号"框中设置标注字体样式，设置完后单击"确定"按钮退出。

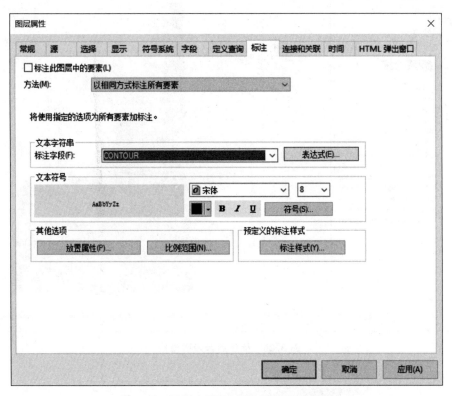

图 3.25　设置在"图层属性"中标注等值线

回到地图窗口，在内容列表框中再次右键单击等值线图层（Contour_trend1），单击"标注要素"，即看到等值线图层标注，如图 3.26 所示。

2. 反距离权重法插值

所需数据：GIS_data\Data3\Ex3 目录下的 stations. shp 和 idoutl. shp。

因步骤（1）～（3）、（5）～（6）与趋势面分析的对应步骤相同，这里不再详细说明。

（1）加载实验数据。

（2）加载空间分析扩展模块。

（3）设置空间分析环境。

（4）空间插值。选择"ArcToolbox|Spatial Analyst 工具|插值分析|反距离权重法"命令，打开"反距离权重法"插值对话框（图 3.27）。在"输入点要素"文本框中指定待插值数据是 stations；在"Z 值字段"文本框中指定插值字段为 ANN_PREC；在"输出栅格"文本框中指定输出图层存放路径及文件名；在"输出像元大小（可选）"文本框中指定输出图层的像元大小为 2000；在"幂（可选）"文本框中指定次数为 2；"搜索半径设置（可选）"框中的"点数"设为 10；其他参数按默认；单击"确定"按钮完成操作，获得插值结果如图 3.28 所示。

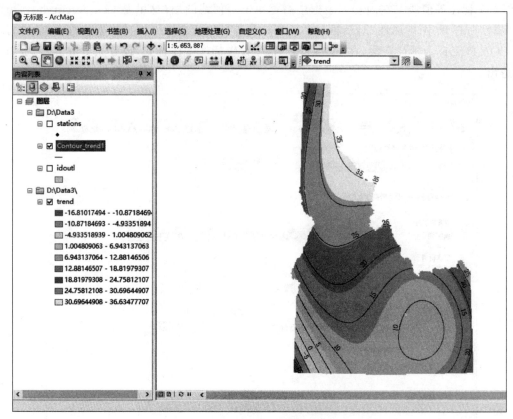

图 3.26　标注后等降雨量线

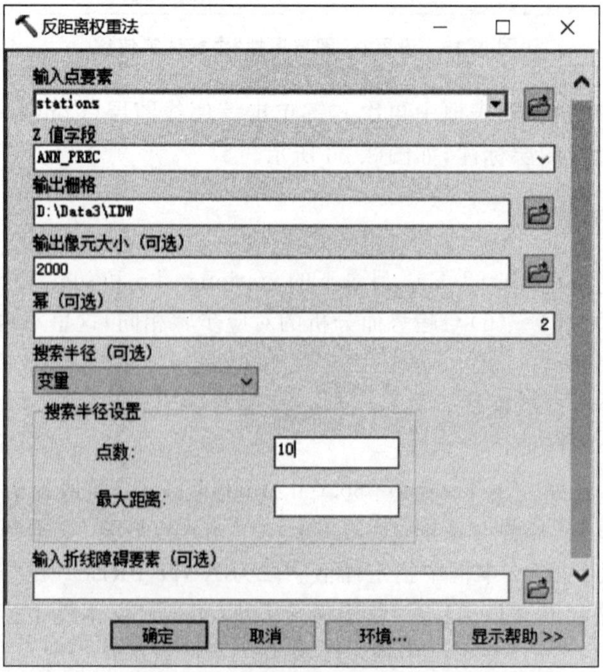

图 3.27　反距离权重法插值参数设置

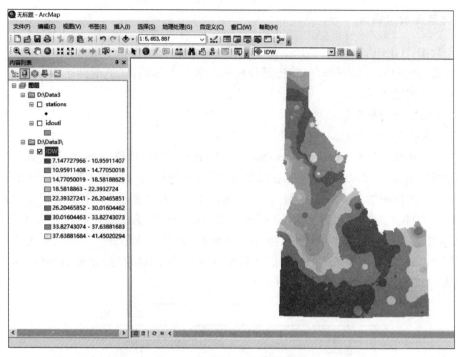

图 3.28　反距离权重法插值结果

（5）提取等值线。

（6）标注等值线。用反距离权重法插值等降雨量线，如图 3.29 所示。

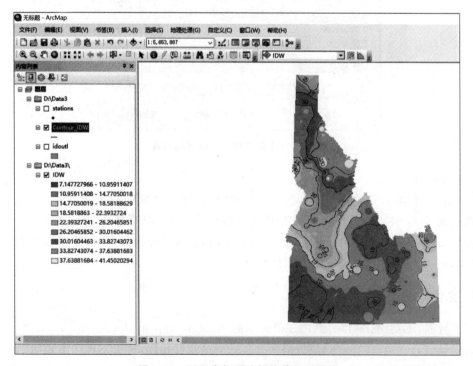

图 3.29　反距离权重法插值等降雨量线

3．样条函数法插值

所需数据：GIS_data\Data3\Ex3 目录下的 stations. shp 和 idoutl. shp。

因步骤(1)～(3)、(5)～(6)与趋势面分析的对应步骤相同,这里不再详细说明。

(1) 加载实验数据。

(2) 加载空间分析扩展模块。

(3) 设置空间分析环境。

(4) 空间插值。选择"ArcToolbox|Spatial Analyst 工具|插值分析|样条函数法",打开"样条函数法"对话框(图 3.30)。在"输入点要素"文本框中指定待插值数据是 stations；在"Z 值字段"文本框中指定插值字段为 ANN_PREC；在"输出栅格"文本框中指定输出图层存放路径及文件名；在"输出像元大小(可选)"文本框中指定输出图层的像元大小为 2000；在"样条函数类型(可选)"文本框中选择样条函数类型,其中 REGULARIZED 是规则样条函数、TENSION 是张力样条函数；其他参数按默认；单击"确定"按钮完成操作,获得插值结果如图 3.31 所示。

图 3.30　样条函数法插值参数设置

(5) 提取等值线。

(6) 标注等值线,用规则样条函数法插值等降雨量线,如图 3.32 所示。

本章提示 3：样条函数插值采用两种不同的计算方法：规则样条(Regularized Spline)和张力样条(Tension Spline)。本实验用规则样条函数法进行插值,实验者可在插值参数设置(图 3.30)时选择张力样条函数法进行插值。

4．克里金法插值

所需数据：GIS_data\Data3\Ex3 目录下的 stations. shp 和 idoutl. shp。

因步骤(1)～(3)、(5)～(6)与趋势面分析的对应步骤相同,这里不再详细说明。

(1) 加载实验数据。

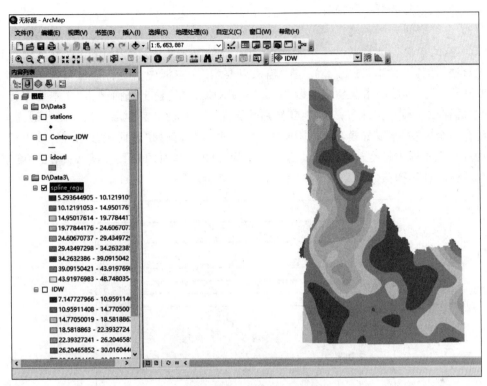

图 3.31 规则样条函数法插值结果

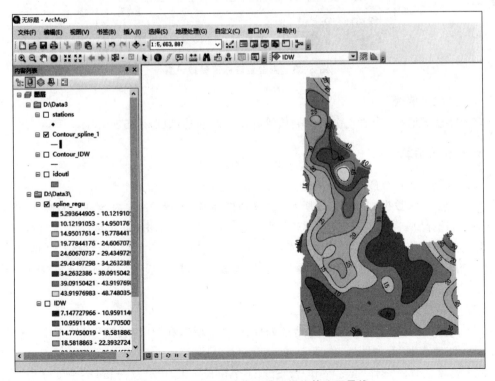

图 3.32 规则样条函数法得到插值等降雨量线

（2）加载空间分析扩展模块。

（3）设置空间分析环境。

（4）空间插值。选择"ArcToolbox｜Spatial Analyst 工具｜插值分析｜克里金法"，打开"克里金法"插值对话框（图 3.33）。在"输入点要素"文本框中指定待插值数据是 stations；在"Z 值字段"文本框中指定插值字段为 ANN_PREC；在"输出表面栅格"文本框中指定输出图层的存放路径及文件名；在"半变异函数属性"框中选择"克里金方法"为"普通克里金"或"泛克里金"，在"半变异模型"文本框中选择一种函数，例如"球面函数"；在"输出像元大小（可选）"文本框中指定输出图层的像元大小为 2000；其他的参数按默认；单击"确定"按钮完成操作，获得插值结果如图 3.34 所示。

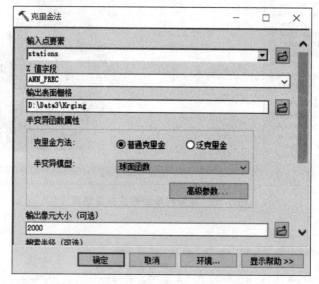

图 3.33 克里金法插值参数设置

（5）提取等值线。

（6）标注等值线，普通克里金法插值等降雨量线表达如图 3.35 所示。

5. 核密度估算

所需数据：Data3\Ex3 目录下的 deer.shp。

（1）加载实验数据如图 3.36 所示，设置地图单位为"米"；在内容列表框中右键单击 deer 图层，选择"属性"，打开"图层属性"对话框（图 3.37）；单击"符号系统"，在"显示"列表中选择"数量｜分级符号"；在"使用符号大小表示数量"列表框中，"字段"框中的"值（V）"选择 COUNT，"分类"框中的"类（S）"设为 5；其他参数按默认，设置完单击"确定"按钮，结果显示如图 3.38 所示。

（2）加载空间分析扩展模块。

（3）设置空间分析环境。单击"地理处理（G）｜环境"，在"环境设置"对话框中，设置"工作空间""处理范围"等如图 3.39 所示。

（4）密度估算。选择"ArcToolbox｜Spatial Analyst 工具｜密度分析｜核密度分析"，打开"核密度分析"对话框（图 3.40）。在"输入点或折线要素"文本框中指定待估算数据是 deer；

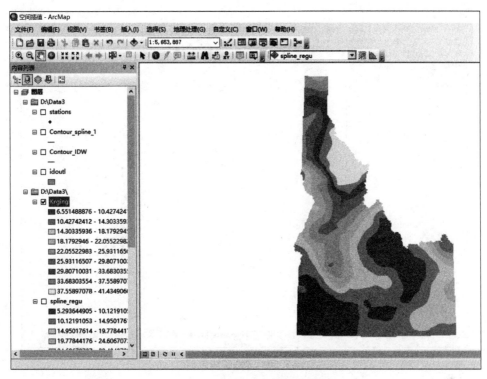

图3.34　普通克里金法插值结果

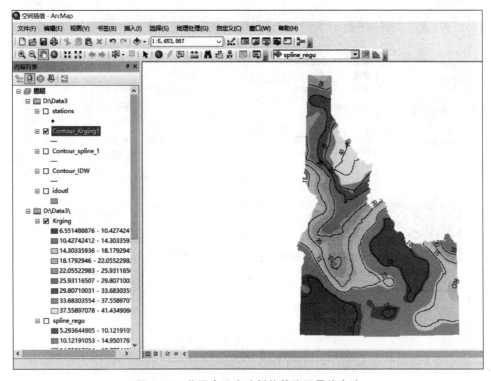

图3.35　普通克里金法插值等降雨量线表达

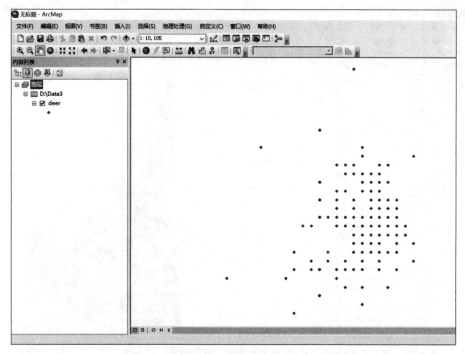

图 3.36　加载实验数据

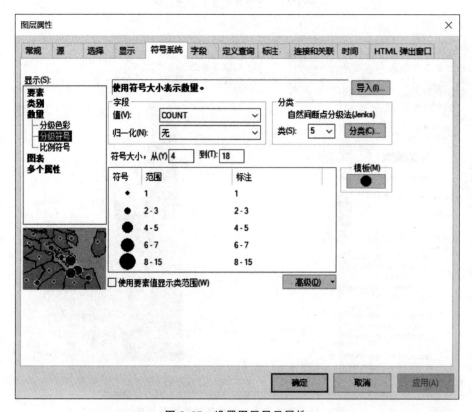

图 3.37　设置图层显示属性

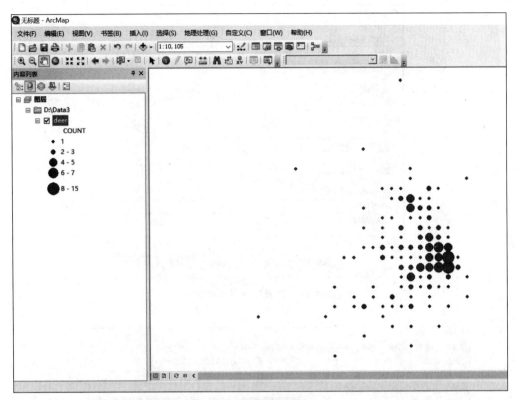

图 3.38 分级符号显示数据

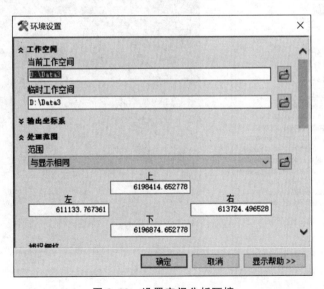

图 3.39 设置空间分析环境

在"Population 字段"文本框中选择字段为 COUNT；在"输出栅格"文本框中指定输出图层
存放路径及文件名；在"输出像元大小(可选)"文本框中指定输出图层的像元大小为 100；
在"搜索半径(可选)"文本框中设定搜索半径为 100；其他的参数按默认；单击"确定"按钮
完成操作,获得核密度估算结果,如图 3.41 所示。

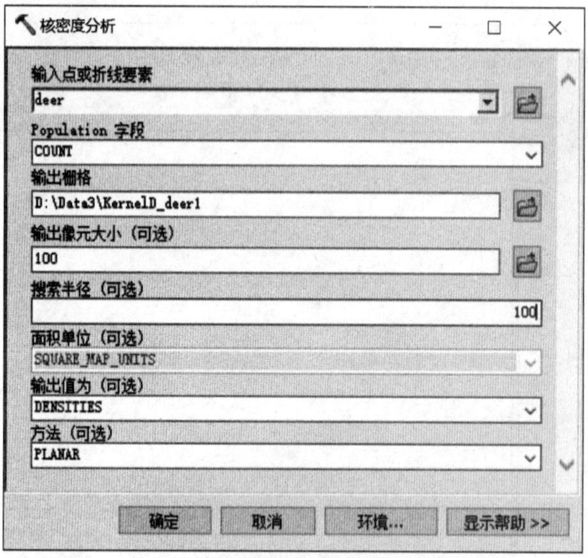

图 3.40　核密度估算参数设置

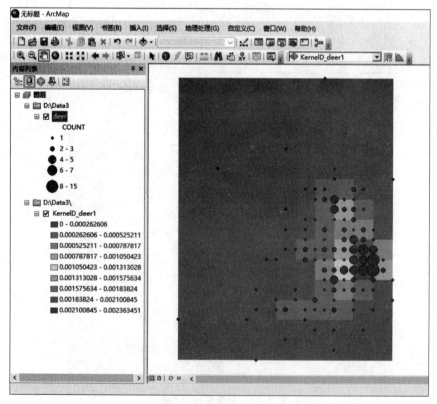

图 3.41　核密度估算结果

　　图 3.41 中的密度是以平方米为面积单位,数值很小,可以将面积单位改为公顷。选择 "ArcToolbox|Spatial Analyst 工具|地图代数|栅格计算器",打开"栅格计算器"对话框 (图 3.42);输入计算公式:"KernelD_deer1" * 10000;指定输出图层的存放路径和文件名;

单击"确定"按钮完成操作,实现将面积单位换算为公顷,结果如图3.43所示。

图3.42 栅格计算器换算面积单位

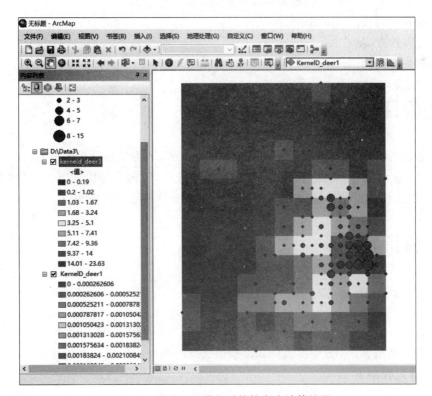

图3.43 更改面积单位后的核密度计算结果

本章提示4：由于本实验的数据是以米为单位,其面积单位是平方米,由此计算核密度获得的结果数据值非常小(图3.41),因此采用栅格计算器重新计算,将面积单位换算为公顷后其数据值变大了很多(图3.43)。

实验项目4

GIS地形分析

实验数据 4

实验 4 视频 1

实验 4 视频 2

一、实验内容

（1）构建 DEM。
（2）在 DEM 上提取坡度、坡向以及面积量算。
（3）绘制剖面线。
（4）计算挖方、填方。
（5）三维可视化。

二、实验目的

（1）通过实验，了解和掌握数字高程模型的建立方法，为地形分析做准备。
（2）通过实验操作，掌握由数字高程模型生成坡度、坡向专题图的方法，了解重分类的意义、剖面的绘制、工程填和挖方量的计算及三维显示等地形分析方法。

三、实验指导

（一）DEM 构建

所需数据：GIS_data\Data4\Ex1 目录下的 spot. shp 和 bound. shp。

本实验是利用 ArcGIS 中提供的局部插值法反距离加权插值法来构建研究区的数字高程模型，具体过程如下：

1. 加载数据

启动 ArcMap，打开一个新地图窗口，把研究区的边界数据（Bound）和高程点数据（Spot）添加到视图中（图 4.1），在内容列表框中右键单击"图层|属性"，在"图框属性"对话框中设置地图单位为"米"。

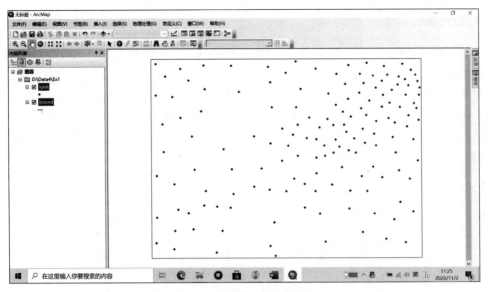

图 4.1　加载实验区数据

2．加载空间分析扩展模块

单击"自定义(C)|扩展模块"，在"扩展模块"对话框中勾选"易智瑞地理信息系统空间分析软件"，单击"关闭"按钮，回到地图窗口，在工具栏空白处单击右键，再次勾选"易智瑞地理信息系统空间分析软件"。

3．设置空间分析环境

单击"地理处理(G)|环境"，在"环境设置"对话框中，设置"工作空间""处理范围"等，如图 4.2 所示。

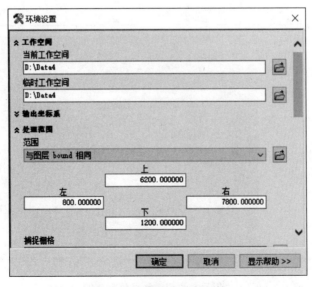

图 4.2　设置空间分析环境

4. 空间插值

选择"ArcToolbox|Spatial Analyst 工具|插值分析|反距离权重法",打开"反距离权重法插值"对话框(图 4.3)。在"输入点要素"文本框中指定待插值数据是 spot;在"Z 值字段"文本框中指定插值字段为 HEIGHT;在"输出栅格"文本框中指定输出图层存放路径及文件名;在"输出像元大小(可选)"文本框中指定输出图层的像元大小为 25;在"幂(可选)"文本框中指定次数为 2;"搜索半径设置"框中的"点数"设为 10;其他参数按默认;单击"确定"按钮完成操作,获得数字高程模型 DEM,如图 4.4 所示。

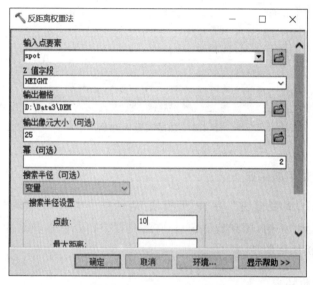

图 4.3　空间插值参数设置

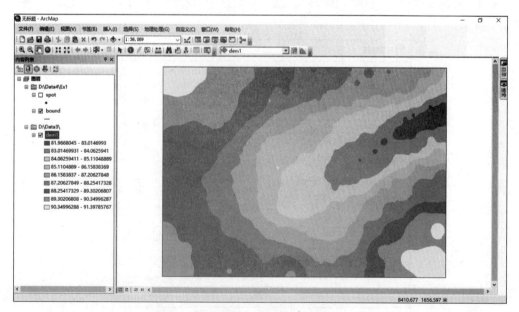

图 4.4　用反距离权重法插值创建的 DEM

5. 修改图例分类数和颜色方案

由图 4.4 可以看出,插值结果生成的格网类型较多,可以通过修改图例来减少其分类。在"内容列表框"中右键单击刚创建的 DEM 并选择"属性",打开"图层属性"对话框;在"符号系统"选项框中,单击"分类"按钮,在出现的"分类"对话框中(图 4.5),选择"分类"中的"方法(M)"为"相等间隔","类别(C)"设为"5",单击"确定"按钮回到"图层属性"对话框(图 4.6);在"色带"列表中选择合适的颜色方案,单击"应用(A)"使新图例生效,单击"确定"按钮完成操作,如图 4.7 所示。

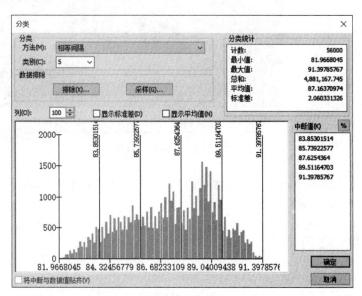

图 4.5　设置 DEM 图例分类方法

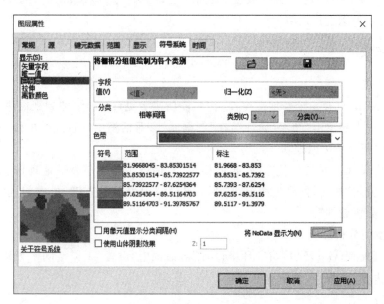

图 4.6　修改 DEM 的图例

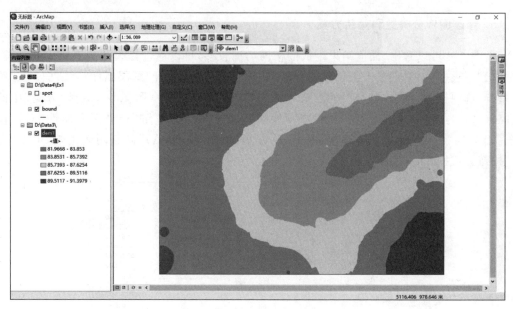

图 4.7　修改分类后的 DEM

本章提示 1：本实验中的分类只是图例的分类，是数据的符号化显示，而数据本身并没有改变，与后续实验的数据重分类有本质区别。

（二）坡度、坡向提取

所需数据：GIS_data\Data4\Ex2 目录下的 GRID 数据 plne。

利用 ArcToolbox 的"3D Analyst 工具"中的"栅格表面分析工具"和"Spatial Analyst 工具"中的"表面分析工具"均可实现坡度、坡向的提取。这里以"Spatial Analyst 工具"中的"表面分析工具"为例进行说明。

1. 坡度提取

1）加载数据

启动 ArcMap，打开一个新地图窗口，把实验所需数据（plne）添加到视图中（图 4.8），在"内容列表框"中右键单击"图层|属性"，在"图框属性"对话框中设置地图单位为"米"。

2）加载空间分析扩展模块

单击"自定义（C）|扩展模块"，在"扩展模块"对话框中勾选易智瑞地理信息系统空间分析软件，单击"关闭"按钮，回到地图窗口，在工具栏空白处单击右键，再次勾选"易智瑞地理信息系统空间分析软件"。

3）设置空间分析环境

单击"地理处理（G）|环境"，在"环境设置"对话框中，设置"工作空间""处理范围""栅格分析"的像元大小、掩膜等，如图 4.9 所示。

4）坡度提取

选择"ArcToolbox|Spatial Analyst 工具|表面分析|坡度"，打开"坡度"对话框（图 4.10）；

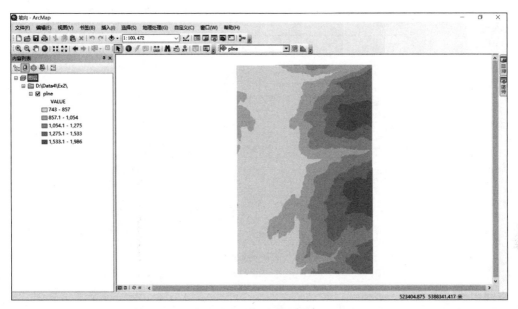

图 4.8 加载数据

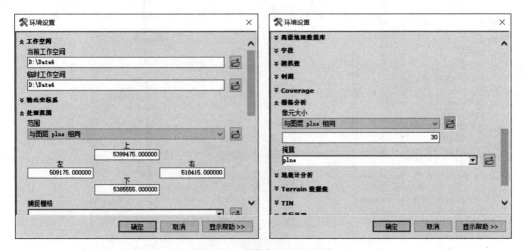

图 4.9 设置空间分析环境

在"输入栅格"文本框中选择 plne 图层;在"输出栅格"文本框中指定输出图层的存放路径和文件名;在"输出测量单位(可选)"文本框中选择 DEGREE;其他参数按默认;单击"确定"按钮完成操作,获得如图 4.11 所示的自动分类坡度图。

5) 坡度重分类

选择"ArcToolbox|Spatial Analyst 工具|重分类|再重分类",打开"重分类"对话框(图 4.12);在"输入栅格"文本框中选择待分类的坡向图层(如 slope),在"重分类字段"文本框中选择 VALUE 为分类字段;单击"分类"按钮,在出现的"分类"对话框中,选择"分类"中的"方法"为相等间隔,"类别"设为 5,单击"确定"按钮回到"重分类"对话框;将"重分类"列表中的旧值、新值更改如图 4.12 中所示;在"输出栅格"文本框中指定输出图层保存路径及文件名;单击"确定"按钮完成操作,获得再重分类后的坡度图如图 4.13 所示。

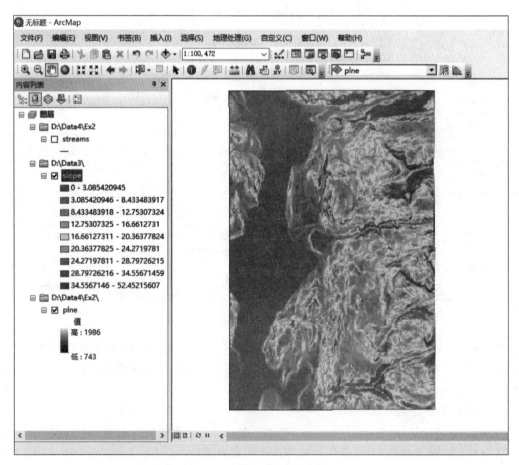

图4.10　坡度提取参数设置

图4.11　自动分类的坡度图

　　对比图4.11和图4.13可知,重分类不仅改变了坡度图的分类数,还改变了坡度的取值,将坡度图由原来的浮点型数值转变成整型数值,可以打开其属性表进行分类统计。

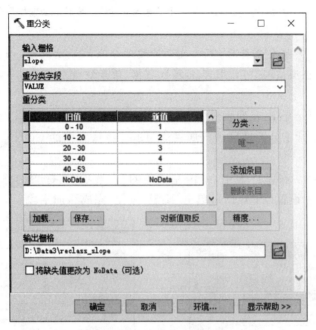

图 4.12　坡度重分类设置

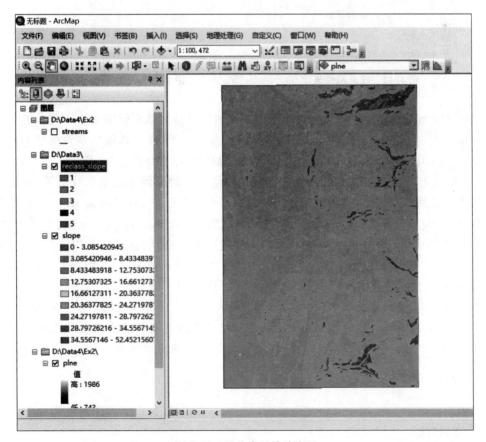

图 4.13　重分类后的坡度图

本章提示 2：在重分类设置(图 4.12)中,输入旧值范围时,注意"-"前后要有空格,否则无法重分类。

本章提示 3：本实验重分类后,不但改变了坡度分布的显示效果,而且还把坡度专题由浮点型格网转变为整型格网,可以显示其属性数据,便于统计分析。

6) 面积计算

(1) 打开属性表。在内容列表框中右键单击前面重分类的坡度图(如 reclass_slope)选择"打开属性表",打开重分类坡度图的属性表(图 4.14),表中的 COUNT 字段显示每种坡度类型的像元数。

(2) 添加新字段。在属性表中,单击左上角的"表选项"图标 ▣▪,选择"添加字段",在"添加字段"对话框中设置(图 4.15),单击"确定"按钮,完成添加字段。

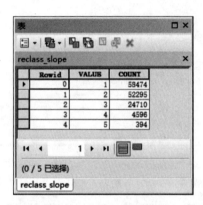

图 4.14 坡度属性表

图 4.15 添加字段 area

(3) 计算面积。将格网单元的大小乘以每种坡度类型的单元数即为该种类型坡度的面积。在属性表中,右键单击新建的 area 字段,选择并打开"字段计算器",在空白框中输入如图 4.16 所示的表达式,单击"确定"按钮,完成面积计算,结果如图 4.17 所示。

(4) 计算不同坡度类型的百分数。将一种坡度类型的计数除以全部计数值,可以得到该坡度类型的面积百分比。重复操作步骤(2),添加新字段 percent(图 4.18);在属性表中右键单击 COUNT 字段,选择"统计",在"统计数据 reclass_slope.vat"对话框中显示 COUNT 字段的统计结果如图 4.19 所示;关闭统计对话框,回到属性表中,右键单击新建的 percent 字段,选择并打开"字段计算器",在空白框中输入如图 4.20 所示的表达式,单击"确定"按钮,完成坡度百分比计算,结果如图 4.21 所示。

本章提示 4：在栅格数据中,相同属性地物的面积等于所有相同属性栅格单元面积的总和,所以本实验中不同类型坡度的面积等于各相应类型坡度栅格单元的总数乘以单个栅格单元的面积($30 \times 30 = 900$),即用 COUNT 字段乘以 900 来计算完成。

2. 坡向提取

因坡向提取的步骤 1)～3)与坡度提取的相应步骤相同,这里不再详细说明。

1) 加载数据

2) 加载空间分析模块

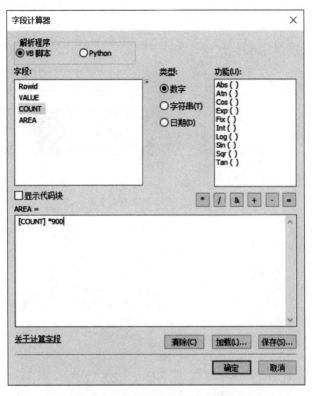

图 4.16 利用字段计算器计算面积

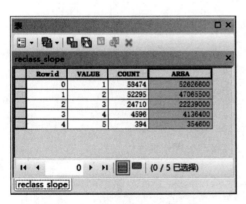

图 4.17 计算面积后的属性表

图 4.18 添加字段 percent

3）设置空间分析环境

4）坡向提取

选择"ArcToolbox|Spatial Analyst 工具|表面分析|坡向"，打开"坡向"对话框（图 4.22）；在"输入栅格"文本框中选择 plne 图层；在"输出栅格"文本框中指定输出图层的存放路径和文件名；其他参数按默认；单击"确定"按钮完成操作，获得如图 4.23 所示的系统自动分类的坡向图，它以九个坡向类别显示：平面、北、东北、东、东南、南、南西、西和西北。

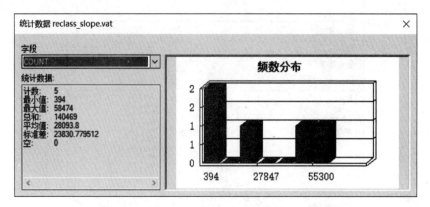

图 4.19　统计 COUNT 字段

图 4.20　计算每种坡度类型的百分数

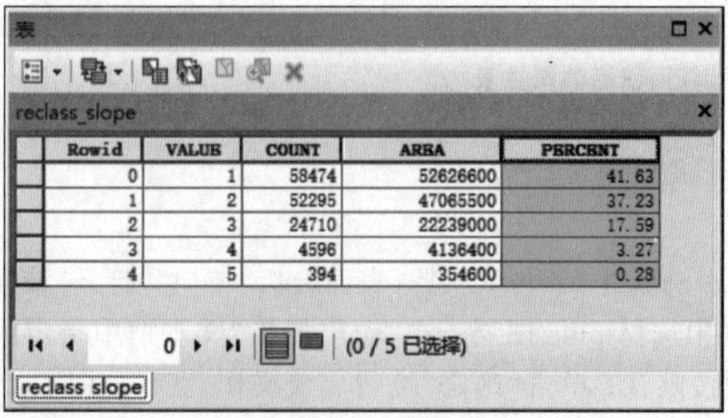

Rowid	VALUE	COUNT	AREA	PERCENT
0	1	58474	52626600	41.63
1	2	52295	47065500	37.23
2	3	24710	22239000	17.59
3	4	4596	4136400	3.27
4	5	394	354600	0.28

图 4.21　坡度类型的面积百分数

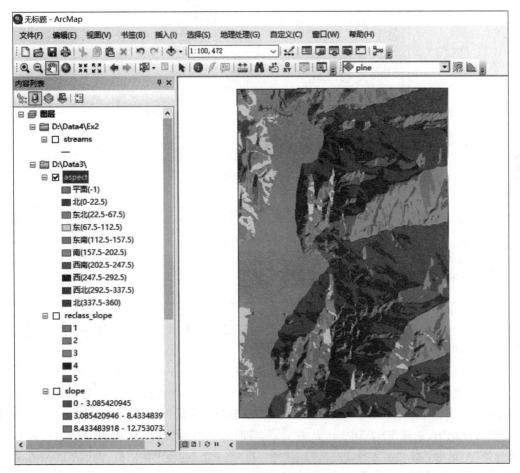

图 4.22 坡向提取参数设置

图 4.23 自动生成的坡向图

5）坡向重分类

（1）八个方向分类。选择"ArcToolbox|Spatial Analyst 工具|重分类|再重分类"，打开"重分类"对话框（图 4.24）；在"输入栅格"文本框中选择待分类的坡向图层（如 aspect），在"重分类字段"文本框中选择 VALUE 为分类字段；单击"分类"按钮，在出现的"分类"对话

框中,选择"分类"中的"方法"为相等间隔,"类别"设为10,单击"确定"按钮回到"重分类"对话框;按表4.1的坡向新旧值对照,将"重分类"列表中的旧值、新值更改如图中所示;在"输出栅格"文本框中指定输出图层保存路径及文件名;单击"确定"按钮完成操作,获得再重分类后的坡向图,如图4.25所示。

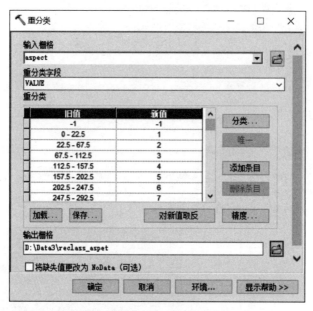

图 4.24　坡向重分类参数设置

表 4.1　八个方向坡向新旧值对照

旧值	−1	0~22.5	22.5~67.5	67.5~112.5	112.5~157.5
新值	−1	1	2	3	4
旧值	157.5~202.5	202.5~247.5	247.5~292.5	292.5~337.5	337.5~360
新值	5	6	7	8	1

同样是八个类别的坡向分类,但两种分类结果的坡向数值类型不一样,图4.24的坡向值是浮点型的,图4.25的坡向值是整型的。

(2)四个方向分类。再次选择"ArcToolbox|Spatial Analyst 工具|重分类|再重分类",打开"重分类"对话框(图4.26);在"输入栅格"文本框中选择待分类的坡向图层(如aspect),在"重分类字段"文本框中选择 VALUE 为分类字段;单击"分类"按钮,在出现的"分类"对话框中,选择"分类"中的"方法"为相等间隔,"类别"设为6,单击"确定"按钮回到"重分类"对话框;按表4.2的坡向新旧值对照,将"重分类"列表中的旧值、新值更改如图4.26中所示;在"输出栅格"文本框中指定输出图层保存路径及文件名;单击"确定"按钮完成操作,获得重分类后的坡向图,如图4.27所示。

表 4.2　四个方向坡向新旧值转换

旧值	−1	0~45	45~135	135~225	225~315	315~360
新值	−1	1	2	3	4	1

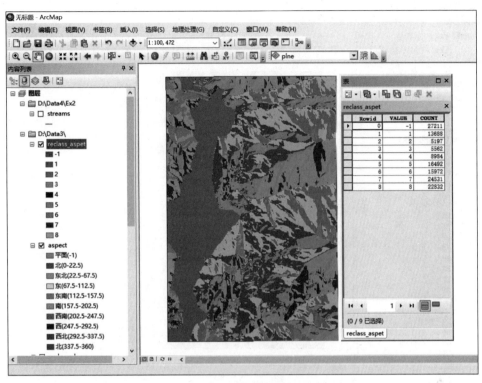

图 4.25 整型值八个基本方向坡向和属性表

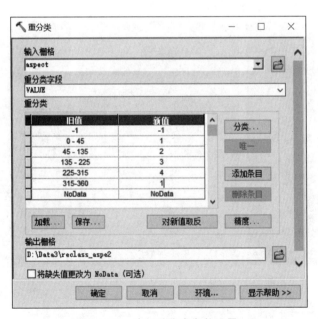

图 4.26 坡向重分类参数设置

(3) 三种坡向分类对比。不同坡向分类的数值表达及可视化效果不同,本实验的三种分类结果对比如图 4.28 所示,具体应用中可根据实际需要进行分类。

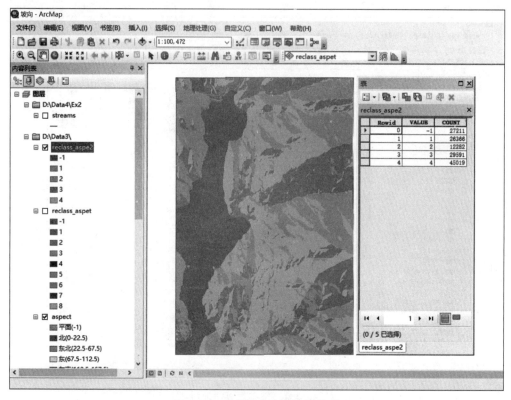

图 4.27　四个方向坡向和属性表

(a)　　　　　　　　　　　(b)　　　　　　　　　　　(c)

图 4.28　三种坡向分类比较

(a) 浮点型八个方向；(b) 整型八个方向；(c) 整型四个方向

本章提示 5：坡向重分类中分为八个方向时分类数要设为 10 类，原因是平坦的地区没有方向，其坡向值设为 -1；正北方向有两个取值范围：$0 \sim 22.5$ 和 $337.5 \sim 360$。同理，分为四个方向时正北方向也有两个取值范围：$0 \sim 45$ 和 $315 \sim 360$，分类数要设为 6 类。

（三）剖面线绘制

所需数据：GIS_data\Data4\Ex3目录下的 GRID 数据 plne 和 shapefile 数据 streams.shp。

1. 加载数据及地图单位设置

启动 ArcMap，打开一个新地图窗口，把实验所需数据（plne 和 streams）添加到视图中（图 4.29），在"图框属性"对话框中设置地图单位为"米"。

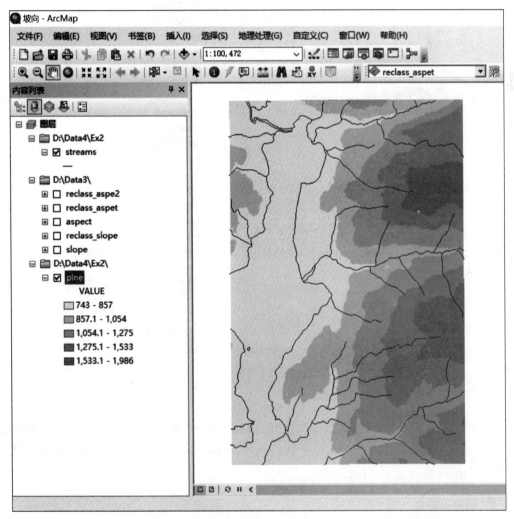

图 4.29 加载数据

2. 加载三维分析扩展模块

单击"自定义（C）|扩展模块"，在"扩展模块"对话框中勾选"易智瑞地理信息系统三维可视化与分析软件"，单击"关闭"按钮，回到地图窗口，在工具栏空白处单击右键，再次勾选"易智瑞地理信息系统三维可视化与分析软件"（图 4.30）。

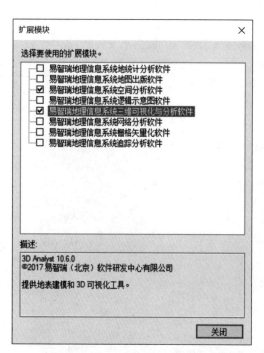
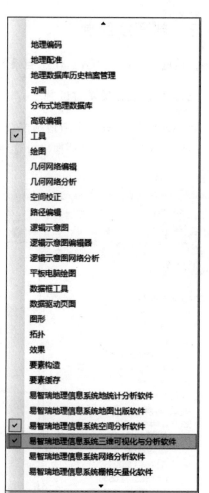

图 4.30　加载三维分析扩展模块

3. 选择用于绘制剖面线的河流

单击菜单"选择(S)|按属性选择",打开"按属性选择"对话框(图 4.31),在"按属性选择"对话框中输入查询表达式 "USGH_ID=167",单击"确定"按钮,选出符合条件的河流在图中高亮显示,如图 4.32 所示。

4. 剖面线绘制

选择"ArcToolbox|3D Analyst 工具|功能性表面|重叠剖面",打开"重叠剖面"对话框(图 4.33),在"输入线要素"文本框中选择 streams;在"剖面目标"文本框中选择 plne 图层;在"输出表"文本框中指定输出文件的保存路径及文件名;在"输出图表名称(可选)"文本框中设定图表名称;单击"确定"按钮,生成所选河流的剖面线图,如图 4.34 所示。

本章提示 6:本实验中所选择的河流支流是一种面状特征,因此,沿着这条支流的高程变化由高程格网 plne 决定。

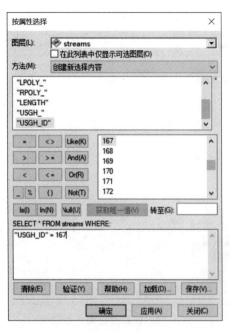

图 4.31　按属性选择河流支流

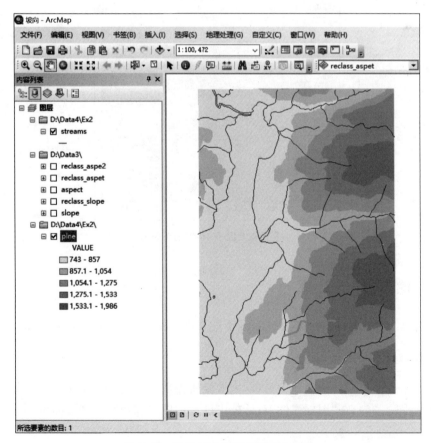

图 4.32　选出用于绘制剖面线的河流

图 4.33　剖面线绘制参数设置

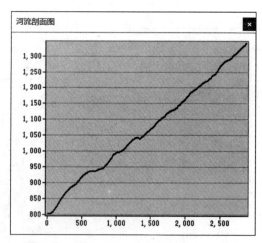

图 4.34　垂直夸大因子 10 倍的河流剖面线图

（四）挖方、填方计算

所需数据：GIS_data\Data4\Ex4 目录下的 TIN 数据 Crtin1、Crtin2 和 bound. shp。

1. 加载数据及地图单位设置

启动 ArcMap,打开一个新地图窗口,把实验所需数据(Crtin1、Crtin2 和 bound. shp)添加到视图中(图 4.35),在"图框属性"对话框中设置地图单位和距离单位都为"米"。

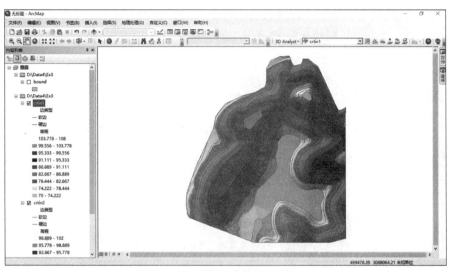

图 4.35 加载数据

2. 加载三维分析模块和空间分析模块

单击"自定义(C)|扩展模块",在"扩展模块"对话框中勾选"易智瑞地理信息系统三维可视化与分析软件",单击"关闭"按钮,回到地图窗口,在工具栏空白处单击右键,再次勾选"易智瑞地理信息系统三维可视化与分析软件"(参看图 4.30)。

3. 设置空间分析环境

单击"地理处理(G)|环境",在"环境设置"对话框中,设置"工作空间""处理范围""栅格分析"的像元大小、掩膜等,如图 4.36 所示。

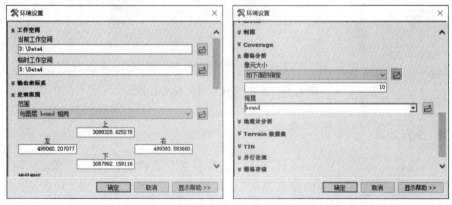

图 4.36 设置空间分析环境

4. 转换数据

选择"ArcToolbox|3D Analyst 工具|转换|由 TIN 转出|TIN 转栅格",打开"TIN 转栅格"对话框(图 4.37),在"输入 TIN"文本框中选择 crtin1;在"输出栅格"文本框中指定输出

图层保存路径及文件名；其他参数按默认；单击"确定"按钮完成操作，获得转换后的栅格图层(图 4.38)。按以上相同操作完成 crtin2 的转换。

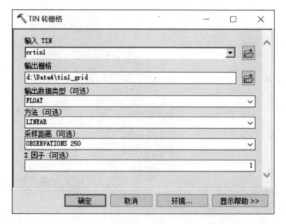

图 4.37　TIN 转栅格参数设置

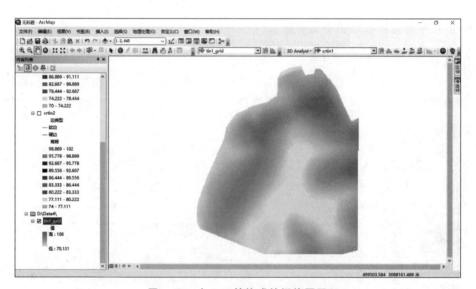

图 4.38　由 TIN 转换成的栅格图层

5. 填、挖方计算

选择"ArcToolbox｜3D analyst 工具｜栅格表面｜填挖方"，打开"填挖方"对话框(图 4.39)；在"输入填/挖之前的栅格表面"文本框中选择 tin1_grid；在"输入填/挖之后的栅格表面"文本框中选择 tin2_grid；在"输出栅格"文本框中指定输出图层保存路径及文件名；其他按默认；单击"确定"按钮完成操作，获得填、挖方计算结果如图 4.40 所示。

在图 4.40 中，浅色表示净填方，深色表示净挖方(Net Loss)，白色表示不变，即不填不挖；打开其属性表(图 4.41)，其中字段 VOLUME 值大于零的表示填方、小于零的为挖方、等于零的表示不填不挖；右键单击字段 VOLUME 选择"统计"，获得该栅格图体积的统计结果(图 4.42)；总和为 31878.428m^3，填方大于挖方。

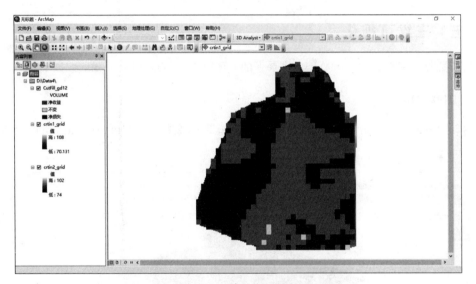

图 4.39 填挖方计算参数设置

图 4.40 填挖方栅格图

图 4.41 填挖方属性表

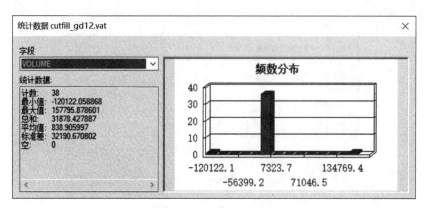

图 4.42　填挖方统计值

（五）三维可视化

所需数据：GIS_data\Data4\Ex3 目录下的 GRID 数据 plne 和 shapefile 数据 streams. shp。

1. 加载数据

启动 ArcScene，打开一个新地图窗口，把实验所需数据（plne 和 streams）添加到视图中（图 4.43）。

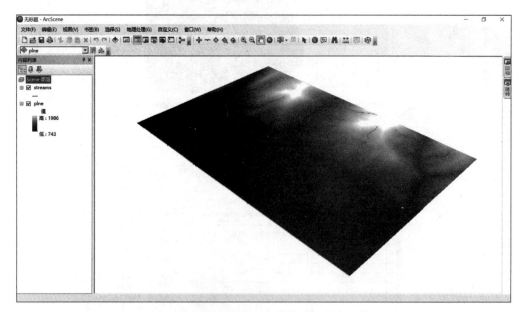

图 4.43　加载数据

2. 三维可视化

在内容列表框中，右键单击 plne 图层，选择"属性"，打开"图层属性"对话框（图 4.44）；选择"基本高度"标签，在"从表面获取的高程"选项中选中"在自定义表面上浮动"选项；单击"确定"按钮。按以上相同操作完成 streams 图层的三维属性设置；两个图层的三维立体图像，如图 4.45 所示。

图 4.44 设置三维属性

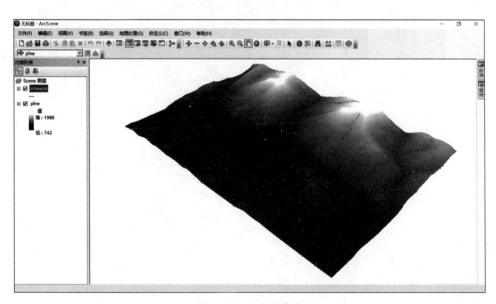

图 4.45 三维可视化

　　为增加立体感,可以将图4.44中"从要素获取的高程"选项中"自定义"的垂直夸大系数调大,也可以在"符号系统"标签中勾选"使用山体阴影效果",图4.46是调整这两个参数后的三维可视化效果图。

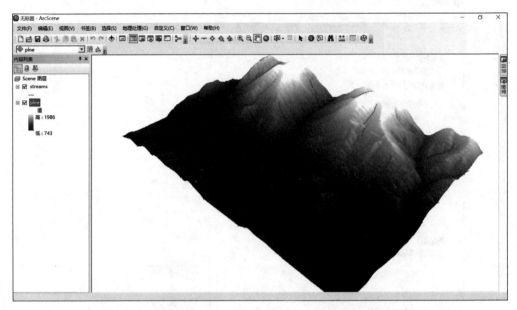

图4.46　调整垂直夸大系数和增加山体阴影后的三维可视化

　　本章提示 7:本实验中所选择的河流支流是一种面状特征,并没有高程属性,所以在三维显示时,其基本高度要选择从高程格网 plne 上获取(图4.44)。

实验项目5

GIS网络分析和缓冲区分析

实验数据 5

实验 5 视频 1

实验 5 视频 2

一、实验内容

（1）最短、最佳路径的 GIS 网络分析。

（2）GIS 缓冲区分析。

二、实验目的

（1）了解网络的概念，选择最优路径、资源调配以及地址匹配等，实现 GIS 网络分析及应用。

（2）根据地理对象点、线和面的空间特性，自动建立对象周围一定距离的区域范围（缓冲区域），综合分析某地理要素（主体）对邻近对象的影响程度和影响范围，完成 GIS 缓冲分析及应用。

三、实验指导

（一）最短距离（查找最近设施）分析

所需数据：GIS_data\Data5\Ex3 目录下的点图层 firestat. shp、线图层 mosst. shp 和基于线图层创建的网络数据集 mosst_ND。线图层 mosst. shp 是爱达荷州莫斯科市的街道图层，该图层最初源于 TIGER/Line 文件，已经过编辑和更新。firestat. shp 显示莫斯科市的两个消防站 。

利用所给数据，查找最近的消防站和从莫斯科市任何地点到消防站的最短途径。利用 Arc GIS 进行最短距离分析的步骤如下。

1. 加载数据

打开 Arc GIS 软件，在工具栏中单击"添加数据"按钮，加载实验所需的消防站点图层、街道线图层和网络数据集，如图 5.1 所示。

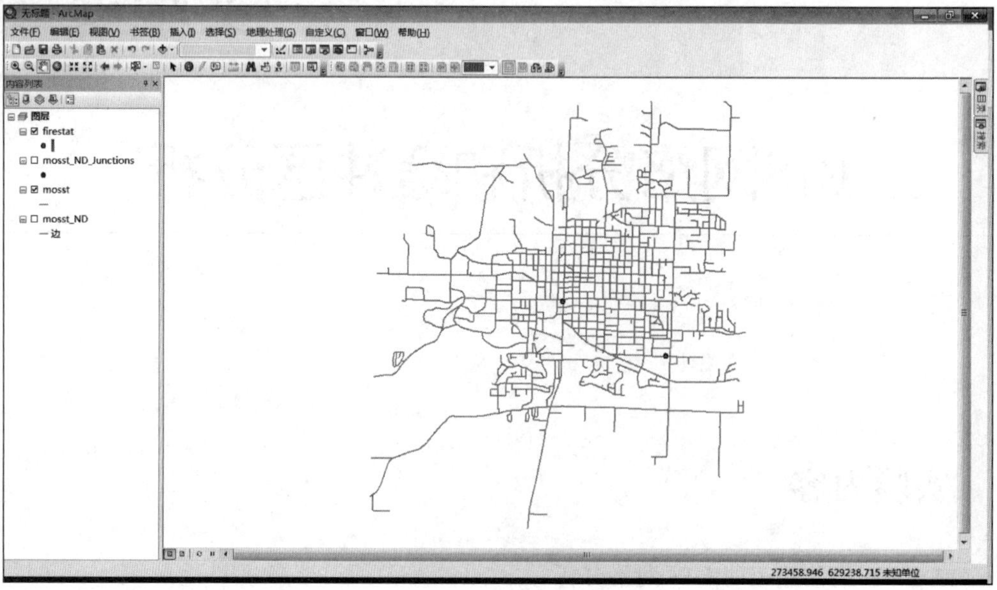

图 5.1 加载数据

本章提示 1：网络数据集(Network Dataset)是 Arc GIS 地理网络模型的重要组成部分，它由简单要素(点和线)和转弯要素的源要素创建而成，其内部存储了源要素的连通性，非常适合用于构建和分析道路交通网络。创建网络数据集时，可以使用地理数据库中的要素类数据集或 shp 文件。通过网络数据集，用户可以方便地调整网络中资源的流动方向、流动速度和路径结点等。在利用 Arc GIS 的网络分析功能模块进行分析操作时，分析过程须始终作用于特定的网络数据集。

本章提示 2：用户可以利用 Arc GIS Desktop 功能组件中的 Arc Catalog 进行网络数据集的创建。Arc Catalog 中提供了向导式的网络数据集创建工具。一般步骤包括：指定网络数据集的名称、构建转弯模型、选择连通性策略、高程建模、设置网络数据集的属性、配置出行模式和建立行驶方向等设置。创建好的网络数据集可用 Arc Map 加载，作为网络分析的基础数据。若要调整已创建网络数据集的属性，可以在 Arc Map 中选择“目录”命令，定位至网络数据集文件后，单击右键选择“属性”，弹出“网络数据集属性”对话框，之后即可对网络数据集的各项属性进行设置与调整。

2. 设置单位

选择“视图(V) | 数据框属性”命令，弹出“数据框属性”对话框，在对话框的“常规”标签中，将地图单位设置为“米”，“显示”单位设置为“英里”，单击“确定”按钮退出，如图 5.2 所示。

3. 加载空间分析模块

单击菜单栏中的“自定义(C)”按钮，选择“扩展模块”。在“扩展模块”对话框中勾选“易智瑞地理信息系统网络分析软件”，之后单击“关闭”按钮，关闭当前对话框(图 5.3)。在菜单栏空白处单击右键，在弹出的快捷菜单中勾选“易智瑞地理信息系统网络分析软件”，加载

图 5.2　设置地图单位和显示单位

网络分析工具条。单击网络分析工具条中的"Network Analyst 窗口"按钮,打开网络分析窗口。之后,单击网络分析工具条中的"易智瑞地理信息系统网络分析软件"按钮,选择"新建最近设施点"命令(图 5.4)。

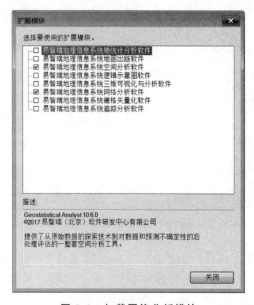

图 5.3　加载网络分析模块

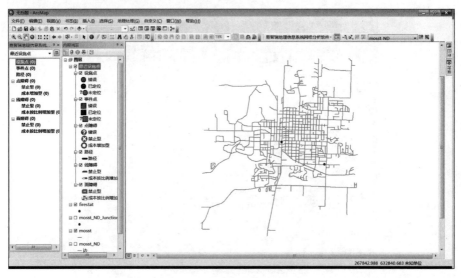

图 5.4　新建最近设施点

4. 设置网络分析环境

在网络分析窗口中右键单击"设施点",在快捷菜单中选择"加载位置",弹出"加载位置"对话框。将对话框内的"加载自"栏目设置为"firestat",并单击"确定"按钮,如图 5.5 所示。

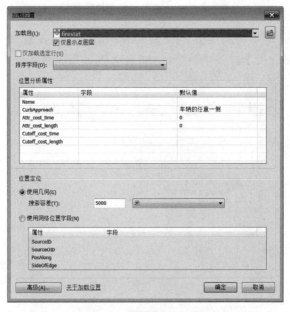

图 5.5　加载设施点位置

在网络分析窗口中单击选中"事件点",并单击网络分析工具条中的"创建网络位置工具"按钮。将变为旗型标志的鼠标指针移动到"mosst"线图层所代表的城市街道中的任一位置,单击鼠标将该位置指定为"事件点",如图 5.6 所示。

本章提示 3:网络分析问题本质上属于优化布局的问题,即看某种规划方案是否合理。

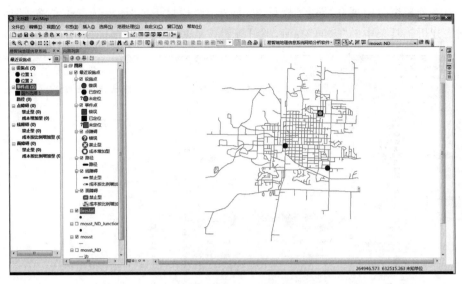

图 5.6　在道路网络中添加事件点

例如,从某一地点出发运输某种货物到达另一地点,在运输路径、运输工具、时间和经费等方面的选择上进行综合的网络计算,从而得出投入回报比最优的方案。在进行网络分析时,需要掌握几个基本的概念,如"设施点""事件"和"成本"等。在本实验中,"设施点"对应代表消防站的"firestat"点图层。"事件"表示从消防站出发,前往"mosst"图层所代表的城市街道中的某一指定位置,即"事件点"。"成本"指的是引发"事件"所带来的消费成本,可以用"时间""距离"或是"费用"来衡量。

5. 实现最近设施和最短路径分析

单击网络分析工具条中的"求解"按钮,将自动生成"事件点"到最近"设施点"的路径,如图 5.7 所示。

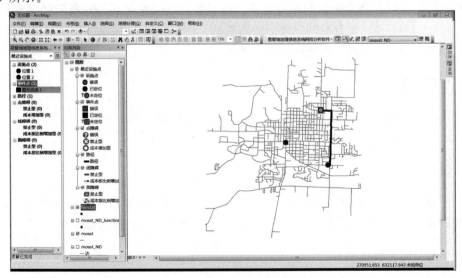

图 5.7　最近设施和最短路径

在网络分析窗口中展开"路径"栏目,单击选中该栏目下的"图形选择 1-位置 2"项目,再单击网络分析工具条中的"方向"按钮,即可查看该最短路径的详细信息,如图 5.8 所示。

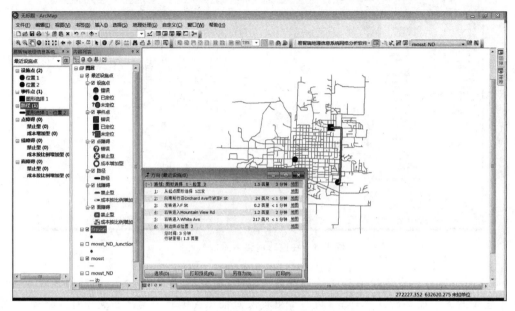

图 5.8　最短路径的详细信息

(二) 最佳路径分析

所需数据:GIS_data\Data5\Ex3 目录下的点状专题图 uscities.shp、线状专题图 interstates.shp、多边形专题图 lower48.shp 和基于线图层创建的网络数据集 interstates_ND。其中图层 lower48.shp 表示美国本土,uscities.shp 含有城市,interstates.shp 包括州际公路。

利用所给数据,查找两个城市之间的最佳(最短)路径,以英里或分钟表示。旅行时间的估算可考虑链路阻抗、转弯阻抗和单行道等。本实验计算旅行时间的时速限制为 65miles/h(1mile=1609.344m)。旅行时间只考虑链路阻抗。

利用 Arc GIS 进行最佳路径分析的步骤如下。

1. 加载数据

打开 Arc GIS 软件,在工具栏中单击"添加数据"按钮,加载实验所需的城市点图层、洲际公路线图层、美国本土多边形图层和网络数据集,如图 5.9 所示。

2. 设置单位

选择"视图(V)|数据框属性"命令,弹出"数据框属性"对话框,在对话框的"常规"标签中,将地图单位设置为"米",显示单位设置为"英里",单击"确定"按钮退出。

3. 加载空间分析模块

单击菜单栏中的"自定义(C)"按钮,在"扩展模块"对话框中勾选"易智瑞地理信息系统

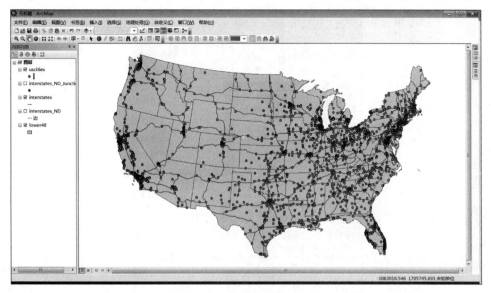

图 5.9　加载美国本土数据

网络分析软件"。在菜单栏空白处单击右键,勾选"易智瑞地理信息系统网络分析软件",加载网络分析工具条。之后,单击网络分析工具条中的"易智瑞地理信息系统网络分析软件"按钮,选择"新建路径"命令,如图 5.10 所示。

图 5.10　新建美国本土路径

4. 设置参数

选择菜单栏中的"选择(S)|按属性选择"命令,在弹出的"按属性选择"对话框中将"图层(L)"栏目设置为"uscities"。在"方法(M)"栏目下方的列表中选择"CITY_NAME"字段并单击"获取唯一值"按钮。之后,在"SELECT * FROM uscities WHERE:"栏目中输入查询表达式:"CITY_NAME" = 'Helena' OR "CITY_NAME" = 'Raleigh',如图 5.11 所示。

单击"验证(Y)"按钮对查询表达式进行验证检查后,单击"确定"按钮退出。

图 5.11　选择作为停靠点的两个城市

在网络分析窗口中右键单击"停靠点",在快捷菜单中选择"加载位置",弹出"加载位置"对话框。将对话框内的"加载自(L)"栏目设置为"uscities",并勾选"仅加载选定行"选项,单击"确定"按钮退出,如图 5.12 和图 5.13 所示。

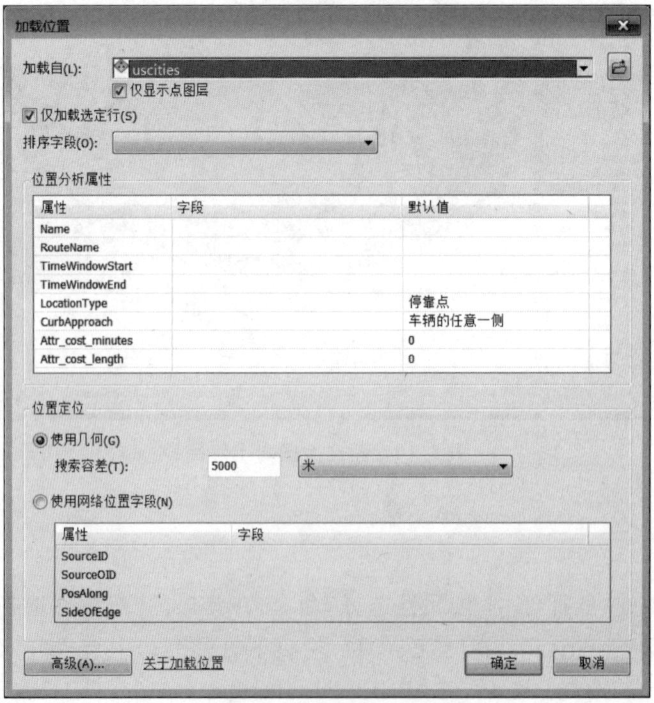

图 5.12　设置停靠点

图 5.13　已加载的美国本土停靠点

5. 实现最短路径分析

单击网络分析工具条中的"求解"按钮,将自动生成连通 2 个停靠点的最佳路径,如图 5.14 所示。

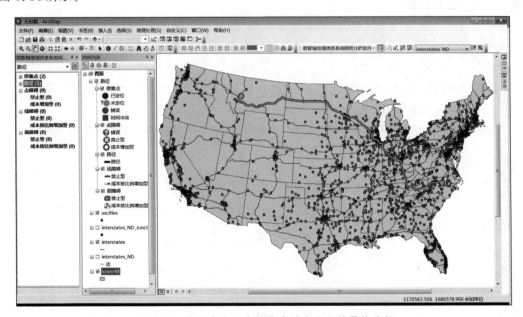

图 5.14　美国本土两个停靠点城市之间的最佳路径

在网络分析窗口中右键单击"路径"栏目,选择"打开属性表"命令,即可查看该最佳路径的详细信息,如图 5.15 所示。

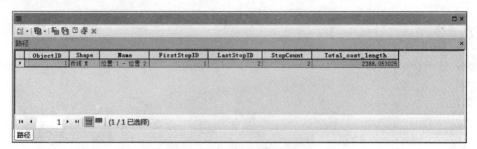

图 5.15   查看最佳路径的属性

本章提示 4：本实验在求取最佳路径时，对"成本"的计算采用的是"距离"指标(计算连通两个停靠点城市之间路径的长度)。若要改变计算指标，如采用"时间"指标进行计算，可选中"内容列表｜图层｜路径"，单击右键选择"属性"，弹出"图层属性"对话框。在"分析设置"标签中将"阻抗"栏目由"cost_length"变更为"cost_minutes"；或是在"累积"标签中同时勾选"累积属性"栏目下的"cost_length"和"cost_minutes"(可用于同时计算路径的距离成本和时间成本)。之后，再次求解最佳路径，即可查看已更新的最佳路径属性信息。

(三) 提供救灾应急(查找服务范围)服务

所需数据：GIS_data\Data5\Ex3 目录下的点图层 firestat.shp、线图层 mosst.shp 和基于线图层创建的网络数据集 mosst_ND。

为救灾应急服务或查找消防站的服务范围，利用所给数据估算莫斯科市两个消防站的效率并对其进行分析。

利用 Arc GIS 提供救灾应急(查找服务范围)服务的步骤如下。

1. 加载数据

打开 Arc GIS 软件，在工具栏中单击"添加数据"按钮，加载实验所需的消防站点图层、街道线图层和网络数据集，如图 5.16 所示。

图 5.16   加载实验区数据

2．设置单位

选择"视图(V)｜数据框属性"命令,弹出"数据框属性"对话框,在对话框的"常规"标签中,将地图单位设置为"米",显示单位设置为"英里",单击"确定"按钮退出。

3．加载空间分析模块

单击菜单栏中的"自定义(C)"按钮,在"扩展模块"对话框中勾选"易智瑞地理信息系统网络分析软件"。在菜单栏空白处单击右键,勾选"易智瑞地理信息系统网络分析软件",加载网络分析工具条。单击网络分析工具条中的"Network Analyst 窗口"按钮,打开网络分析窗口。在工具栏中单击"ArcToolbox"按钮,打开"工具箱",如图 5.17 所示。

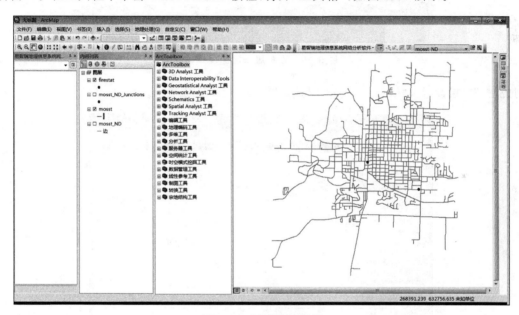

图 5.17　配置实验环境

4．设置参数

在"ArcToolbox"中选择"Network Analyst 工具｜分析｜创建服务区图层"命令,如图 5.18 所示。双击"创建服务区图层",打开"创建服务区图层"对话框,将"输入分析网络"栏目设置为"mosst_ND"(本实验中所使用的网络数据集),将"阻抗属性"栏目设置为"cost_time"(以时间成本为指标分析消防站的服务范围),将"默认中断值(可选)"栏目设置为"3"(将从消防站出发,3min 内所能到达的区域划为消防站的服务范围),如图 5.19 所示。之后,单击"确定"按钮退出。

在网络分析窗口中右键单击"设施点",在快捷菜单中选择"加载位置",弹出"加载位置"对话框。将对话框内的

图 5.18　创建服务区图层

图 5.19 设置服务区图层属性

"加载自"栏目设置为"firestat",并单击"确定"按钮,如图 5.20 所示。

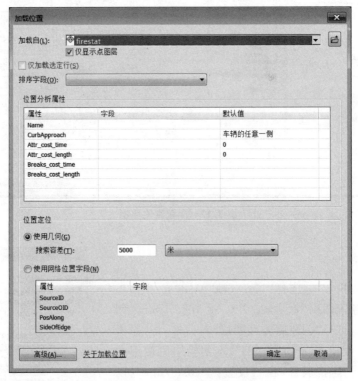

图 5.20 加载设施点位置

5. 实现网络分析

单击网络分析工具条中的"求解"按钮,将自动生成两个设施点(消防站)的服务区范围,如图 5.21 所示。

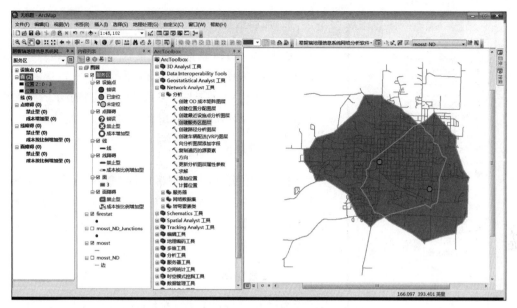

图 5.21 生成服务区范围

在网络分析窗口中右键单击"面"栏目,选择"打开属性表"命令,即可查看服务区属性信息,如图 5.22 所示。

ObjectID	Shape	FacilityID	Name	FromBreak	ToBreak
1	面	2	位置 2:0-3	0	3
2	面	1	位置 1:0-3	0	3

图 5.22 查看服务区的属性

本章提示 5:与本实验(二)类似,在分析服务区范围时,可选中"内容列表 | 图层 | 服务区"。在"图层属性"对话框的"分析设置"标签中将"阻抗"栏目由"cost_time"变更为"cost_length"。此时,"默认中断"栏目中输入的数值将作为距离成本用于计算服务区范围。例如,输入数值"1",即表示将设施点(消防站)周围 1mile 的范围划为消防站的服务区。之后,再次求解服务区范围,即可查看已更新的服务区属性信息。

(四)道路缓冲区分析

所需数据:GIS_data\Data5\Ex1 目录下的线状专题道路(Road1. shp,仅用于地图显示,不参加分析)和线状专题铁路(Railway. shp,为邻近区的分析对象)。

利用所给数据并根据当时情况,沿着铁路的两侧 20m、40m 范围内,进行环境整治、植树,并提供专题地图,完成缓冲区分析。

道路缓冲区分析的步骤如下。

图 5.23　加载工具箱

1. 加载数据

打开 Arc GIS 软件,在工具栏中单击"ArcToolbox"按钮,打开"工具箱",如图 5.23 所示。

在工具栏中单击"添加数据"按钮,打开所需数据(Road1. shp 和 Railway. shp),如图 5.24 所示。

2. 设置单位

选择"视图(V)｜数据框属性"命令,弹出"数据框属性"对话框,在对话框的"常规"标签中,将地图单位和显示单位都设置为"米",如图 5.25 所示,单击"确定"按钮退出。

3. 加载空间分析模块

激活"railway"图层,在"ArcToolbox"中选择"分析工具｜邻域分析｜多环缓冲区",弹出"多环缓冲区"对话框,如图 5.26 所示。

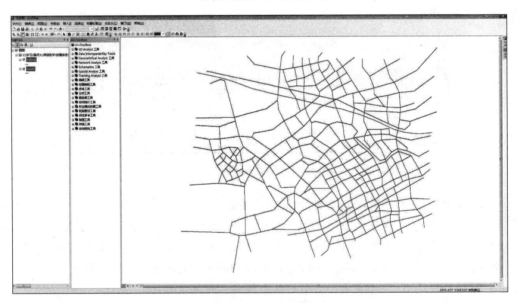

图 5.24　加载数据

4. 实现缓冲区分析

在"多环缓冲区"对话框中,将"输入要素"栏目指定为"railway";在"距离"栏目中分别输入"20"和"40"两组数值,并单击"添加"按钮将多环缓冲区宽度数值添加至当前对话框;"在缓冲区单位"中选择"Meters",如图 5.27 所示。单击"确定"按钮,生成新的多环缓冲区图层,如图 5.28 所示。

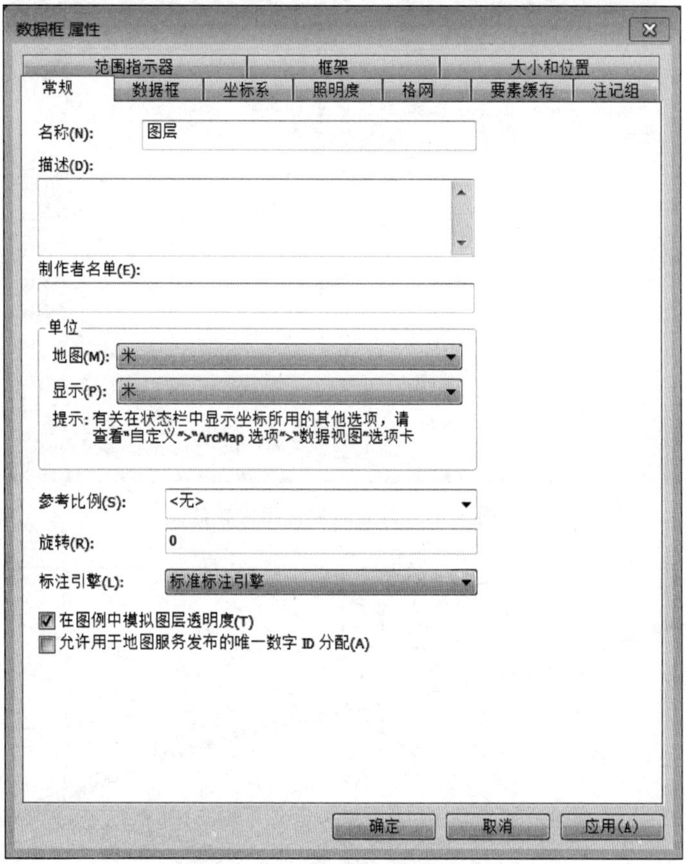

图 5.25　设置地图单位和显示单位

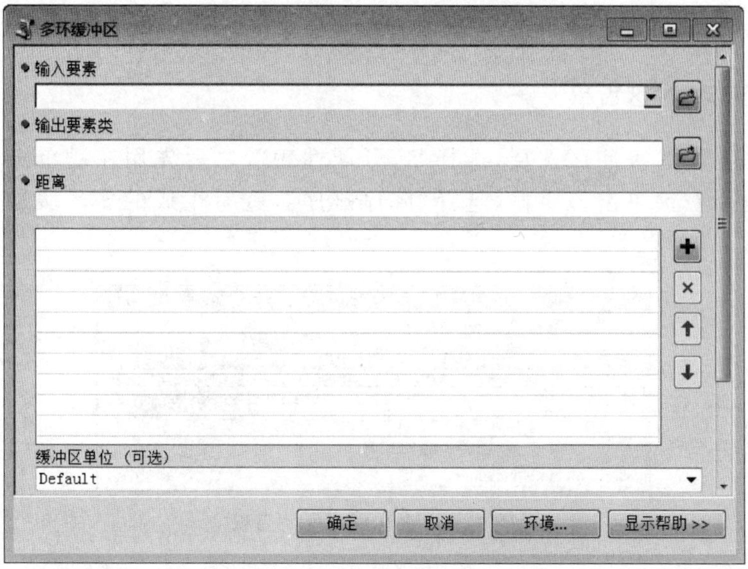

图 5.26　"多环缓冲区"对话框

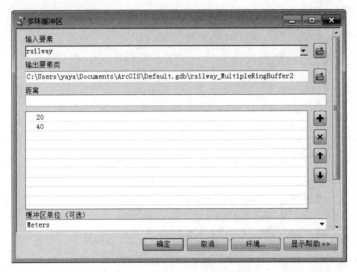

图 5.27 配置缓冲区相关参数

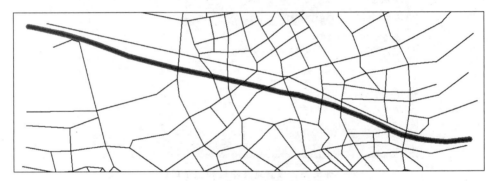

图 5.28 铁路多环缓冲区视图

本章提示 6：缓冲区生成有等距、不等距和多环等方式。同学们可根据需要进行选取。

5. 查看多环缓冲区面积

右键单击生成的缓冲区图层，选择“打开属性表”，之后先用左键单击选中“Shape_Area”字段，再用右键单击该字段，选择“降序排序”，查看生成的多环缓冲区的面积，如图 5.29 所示。

表

railway_MultipleRingBuffer1

FID *	Shape *	distance	Shape_Length	Shape_Area
1	面	20	15872.283608	316182.586103
2	面	40	31870.132164	318696.754231

0 (0 / 2 已选择)

railway_MultipleRingBuffer1

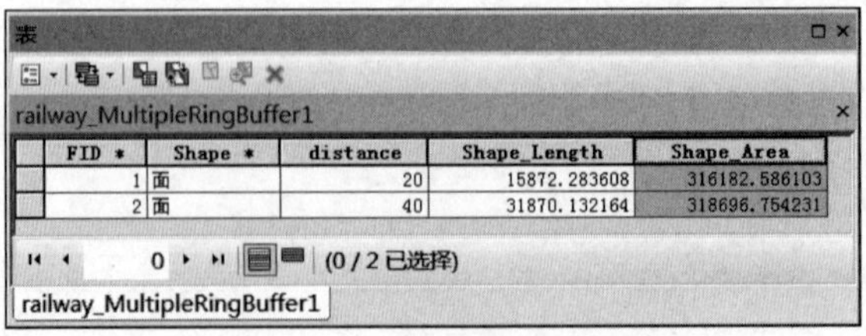

图 5.29 多环缓冲区的面积

本章提示 7：本实验主要是基于 Arc GIS，根据实际要求，选择怎样生成缓冲区及生成缓冲区后如何查看缓冲区的面积。

GIS叠加分析

实验数据 6

实验 6 视频 1

实验 6 视频 2

一、实验内容

(1) 图层叠加分析。

(2) 属性数据的计算。

(3) 表格的连接和关联。

(4) 适宜性分析。

二、实验目的

(1) 了解和掌握叠加分析方法及表格数据的处理,加深对叠加分析原理的理解。

(2) 了解如何综合利用空间分析方法解决实际问题,并提供决策支持。

三、实验指导

(一) 图层叠加分析

所需数据:GIS_data\Data6\Ex1 目录下的高程(contour. shp,其中属性表中的字段 Height 表示该多边形的最大高程)、地块(parcel. shp,属性表中的字段 Landuse、Value、Class 分别表示土地利用、估计财产、地基类型等属性)两个多边形专题。

本实验为了确定哪些住宅区可能会被洪水淹没。假设洪水淹没区只与地形高程和土地利用有关,设定地形高程值大于 500m 的范围不受洪水淹没,并由高程多边形的最大高程属性决定;土地利用为住宅用地的考虑对象,由地块多边形的土地利用属性(Landuse=R* 的住宅用地)决定。

1. 加载数据

打开 ArcMap,加载实验所需数据(图 6.1)。

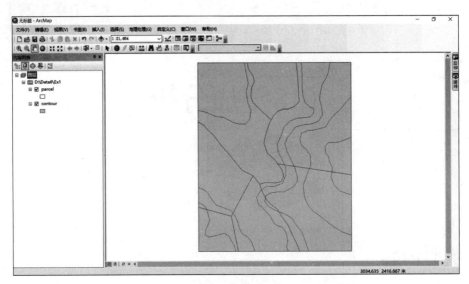

图 6.1　加载数据

2．加载分析工具并设置参数，实现叠加分析

选择菜单"地理处理(G)|联合"，或是选择"ArcToolbox|分析工具|叠加分析|联合"，打开"联合"叠加对话框(图 6.2)；在"输入要素"下拉列表框中选择图层 parcel 和 contour；在"输出要素类"文本框中指定输出图层存放路径和文件名；其他参数按默认设置；单击"确定"按钮，完成两个图层的联合叠加，结果如图 6.3 所示。

图 6.2　联合叠加参数设置

3．实现查询分析

选择菜单"选择(S)|按属性选择"，打开"按属性选择"对话框；在"图层"文本框中指定选择的图层，如 union；在下方"查询条件(SELECT * FROM union WHERE)"文本框中输入表达式：("LANDUSE" = "R1" OR "LANDUSE" = "R2") AND "HIGHT" <= 500，如

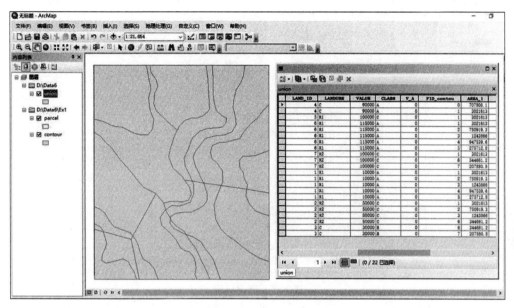

图 6.3 联合叠加结果

图 6.4 所示,单击"确定"按钮完成操作。得到符合条件的区域,如图 6.5 所示。

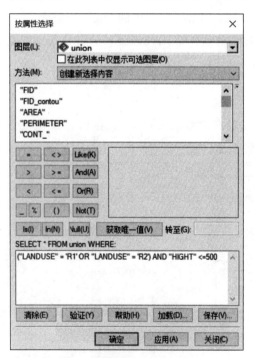

图 6.4 查询符合条件的区域

本章提示 1:本实验中输入查询表达式时,注意括号的使用(图 6.4),否则会出现不合理的查询结果。

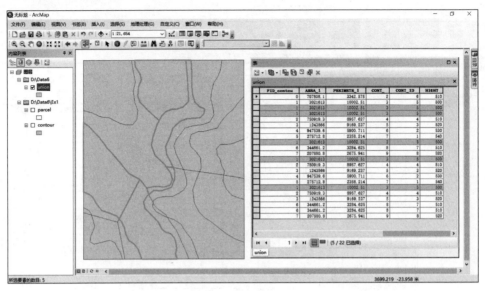

图 6.5　查询结果

（二）属性数据的计算

所需数据：GIS_data\Data6\Ex2 目录下的 wp.shp 数据。

实验数据 wp.shp 属性表中字段 Area(面积)是用平方米度量的,现要把面积度量单位转化成英亩,具体操作如下:

1. 加载数据

打开 ArcMap,加载实验所需数据(wp.shp),在内容列表框中右键单击该图层选择"打开属性表",打开该图层属性表,如图 6.6 所示。

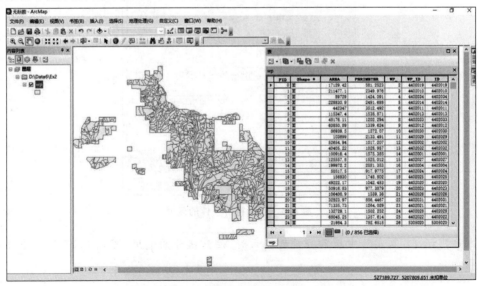

图 6.6　加载数据并打开其属性表

2. 添加字段

在属性表中单击左上角的表选项图标 ⊞▪,选择"添加字段",打开"添加字段"对话框,如图 6.7 所示,在"名称(N)"文本框中输入"acres";在"类型(T)"文本框中选择"浮点型",在"字段属性"框中设置"精度"为"8","小数位数"为"4",单击"确定"按钮完成字段添加。

图 6.7 添加字段

3. 属性计算

在属性表中,右键单击新建字段"acres",选择"字段计算器",打开"字段计算器"对话框,如图 6.8 所示,输入公式:[AREA]/1000000 * 247.11,单击"确定"按钮完成操作,计算结果如图 6.9 所示。

图 6.8 字段计算器

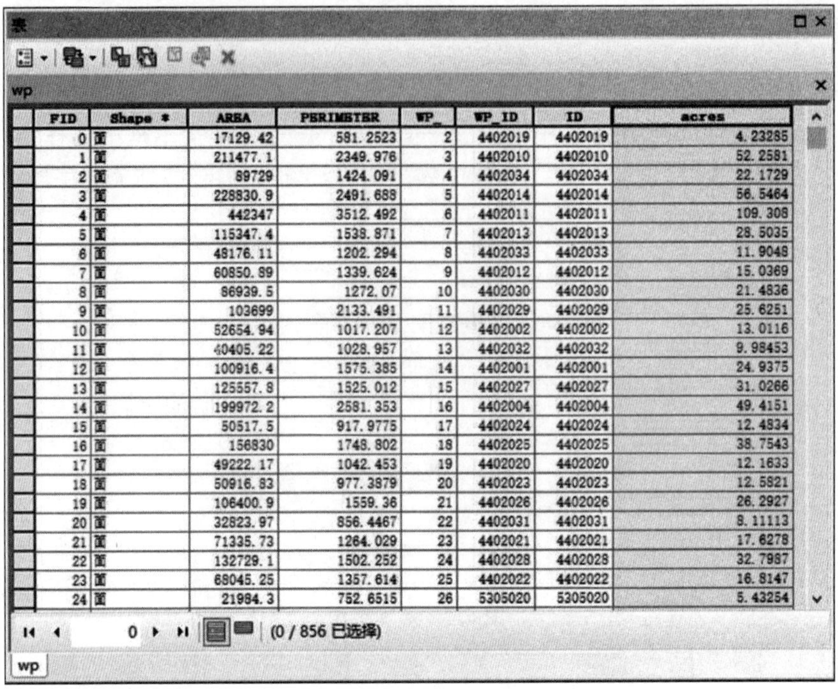

FID	Shape *	AREA	PERIMETER	WP_	WP_ID	ID	acres
0	面	17129.42	581.2523	2	4402019	4402019	4.23285
1	面	211477.1	2349.976	3	4402010	4402010	52.2581
2	面	89729	1424.091	4	4402034	4402034	22.1729
3	面	228830.9	2491.688	5	4402014	4402014	56.5464
4	面	442347	3512.492	6	4402011	4402011	109.308
5	面	115347.4	1538.871	7	4402013	4402013	28.5035
6	面	48176.11	1202.294	8	4402033	4402033	11.9048
7	面	60850.89	1339.624	9	4402012	4402012	15.0369
8	面	86939.5	1272.07	10	4402030	4402030	21.4836
9	面	103699	2133.491	11	4402029	4402029	25.6251
10	面	52654.94	1017.207	12	4402002	4402002	13.0116
11	面	40405.22	1028.957	13	4402032	4402032	9.98453
12	面	100916.4	1575.385	14	4402001	4402001	24.9375
13	面	125557.8	1525.012	15	4402027	4402027	31.0266
14	面	199972.2	2581.353	16	4402004	4402004	49.4151
15	面	50517.5	917.9775	17	4402024	4402024	12.4834
16	面	156830	1748.802	18	4402025	4402025	38.7543
17	面	49222.17	1042.453	19	4402020	4402020	12.1633
18	面	50916.83	977.3879	20	4402023	4402023	12.5821
19	面	106400.9	1559.36	21	4402026	4402026	26.2927
20	面	32823.97	856.4467	22	4402031	4402031	8.11113
21	面	71335.73	1264.029	23	4402021	4402021	17.6278
22	面	132729.1	1502.252	24	4402028	4402028	32.7987
23	面	68045.25	1357.614	25	4402022	4402022	16.8147
24	面	21984.3	752.6515	26	5305020	5305020	5.43254

图 6.9 属性计算结果

(三) 表格的连接和关联

所需数据：GIS_data\Data6\Ex3 目录下的 wp. shp 数据和 wpact、wpdata 两张表格数据。

1. 表格的连接

表格的连接是指将多张表格连接到一起，使所有相关的属性合并在一张表格中，便于数据的查询和分析。具体操作步骤如下：

(1) 加载数据。打开 ArcMap，加载实验所需数据(wp. shp 和 wpact、wpdata 两张表格数据)，如图 6.10 所示。

(2) 表格的连接。在内容列表框中，右键单击 wp. shp 图层，选择"连接和关联|连接"，选项，打开"连接数据"对话框，如图 6.11 所示。在"要将哪些内容连接到该图层"下拉列表中，选择"某一表的属性"；在"选择该图层中连接将基于的字段(C)"下拉列表中选择"ID"字段为 wp. shp 图层属性表和 wpact 表格的连接字段；在"选择要连接到此图层的表，或者从磁盘加载表(T)"中选择 wpact；在"选择此表中要作为连接基础的字段(F)"中选择"ID"字段；单击"确定"按钮，完成 wpact 表格和 wp. shp 图层属性表的连接。

用以上同样的操作步骤将 wpdata 表格连接到 wp. shp 图层属性表中。

(3) 查看连接结果。打开 wp. shp 图层属性表，可以看到，wpact 和 wpdata 两张表格的数据已连接到 wp. shp 图层属性表中，如图 6.12 所示。

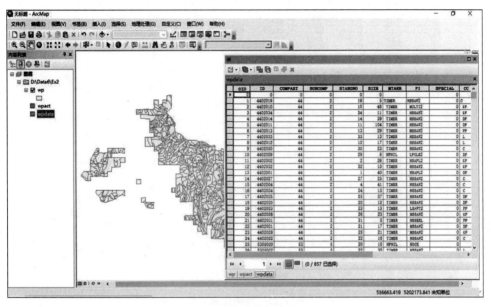

图 6.10　加载数据

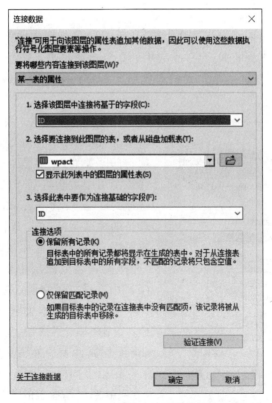

图 6.11　表格连接参数设置

AREA	PERIMET	WP	WP_ID	ID	acres	OID	ID	ACT1	ACT1	ACT2	ACT2YR	ACT3	ACT3YR	ACT4	ACT4	ACT5	ACT5	OID	ID	COMPART	SUBCOMP	STAND
17129.42	581.2523	2	4402019	4402019	4.23206	1	4402019	0	0	0	0	0	0	0	0	0	0	1	4402019	44	2	
211477.1	2348.978	3	4402034	4402034	52.2581	2	4402034	4131	1979	4146	1984	0	0	0	0	0	0	2	4402034	44	2	
89729	1424.091	4	4402014	4402014	22.1729	3	4402014	0	0	0	0	0	0	0	0	0	0	3	4402014	44	2	
228930.9	2491.888	5	4402014	4402014	56.5464	4	4402014	0	0	0	0	0	0	0	0	0	0	4	4402014	44	2	
442347	2512.492	6	4402011	4402011	109.306	5	4402011	0	0	0	0	0	0	0	0	0	0	5	4402011	44	2	
115347.4	1538.871	7	4402013	4402013	28.5035	6	4402013	0	0	0	0	0	0	0	0	0	0	6	4402013	44	2	
48176.11	1202.294	8	4402022	4402022	11.9048	7	4402022	0	0	0	0	0	0	0	0	0	0	7	4402022	44	2	
60850.99	1339.604	9	4402023	4402023	15.0369	8	4402023	0	0	0	0	0	0	0	0	0	0	8	4402023	44	2	
86939.5	1272.07	10	4402004	4402004	21.4836	9	4402004	0	0	0	0	0	0	0	0	0	0	9	4402004	44	2	
103699	2133.491	11	4402029	4402029	25.6251	10	4402029	0	0	0	0	0	0	0	0	0	0	10	4402029	44	2	
52654.94	1017.207	12	4402002	4402002	13.0116	11	4402002	0	0	0	0	0	0	0	0	0	0	11	4402002	44	2	
40405.22	1028.937	13	4402032	4402032	9.98453	12	4402032	0	0	0	0	0	0	0	0	0	0	12	4402032	44	3	
100916.4	1375.385	14	4402027	4402027	24.9375	13	4402027	4260	1944	4431	1961	0	0	0	0	0	0	13	4402027	44	3	
123557.5	1523.014	15	4402027	4402027	31.0266	14	4402027	0	0	0	0	0	0	0	0	0	0	14	4402027	44	3	
199972.2	2381.333	16	4402004	4402004	49.4131	15	4402004	0	0	0	0	0	0	0	0	0	0	15	4402004	44	3	
50617.5	917.9775	17	4402004	4402004	12.4834	16	4402004	0	0	0	0	0	0	0	0	0	0	16	4402004	44	3	
156930	1748.902	18	4402005	4402005	38.7343	17	4402005	0	0	0	0	0	0	0	0	0	0	17	4402005	44	3	
49222.17	1042.453	19	4402020	4402020	12.1633	18	4402020	0	0	0	0	0	0	0	0	0	0	18	4402020	44	3	
50916.83	977.3879	20	4402023	4402023	12.3921	19	4402023	0	0	0	0	0	0	0	0	0	0	19	4402023	44	3	
106400.9	1589.36	21	4402026	4402026	26.2927	20	4402026	0	0	0	0	0	0	0	0	0	0	20	4402026	44	3	
22523.97	958.4467	22	4402026	4402026	8.11113	21	4402026	0	0	0	0	0	0	0	0	0	0	21	4402026	44	3	
71335.73	1284.009	23	4402001	4402001	17.6275	22	4402001	0	0	0	0	0	0	0	0	0	0	22	4402001	44	3	
132729.1	1681.989	24	4402002	4402002	32.7997	23	4402002	0	0	0	0	0	0	0	0	0	0	23	4402002	44	3	
68045.25	1357.614	25	4402022	4402022	16.8147	24	4402022	0	0	0	0	0	0	0	0	0	0	24	4402022	44	3	
21954.3	732.6515	26	5305002	5305002	5.43254	25	5305002	4260	1944	0	0	0	0	0	0	0	0	25	5305002	53	5	2
110899.6	1435.937	27	5305022	5305022	27.4044	26	5305022	4260	1944	0	0	0	0	0	0	0	0	26	5305022	53	5	2
542551.8	4072.577	28	4403001	4403001	134.07	27	4403001	4260	1944	4431	1961	0	0	0	0	0	0	27	4403001	44	3	1
43553.88	1032.399	29	5305019	5305019	10.7626	28	5305019	4260	1944	0	0	0	0	0	0	0	0	28	5305019	53	5	1
44491.22	1167.696	30	4403016	4403016	11.0436	29	4403016	4260	1944	0	0	0	0	0	0	0	0	29	4403016	44	3	1
75270.58	1470.33	31	4403017	4403017	18.6001	30	4403017	0	0	0	0	0	0	0	0	0	0	30	4403017	44	3	1
78857.95	1481.799	32	4403015	4403015	19.4866	31	4403015	0	0	0	0	0	0	0	0	0	0	31	4403015	44	3	1
16720.64	631.2325	33	5305001	5305001	4.13184	32	5305001	4260	1944	0	0	0	0	0	0	0	0	32	5305001	53	5	2
50511.94	938.1061	34	4403004	4403004	12.482	33	4403004	0	0	0	0	0	0	0	0	0	0	33	4403004	44	3	
9919.719	617.9091	35	5305013	5305013	2.45126	34	5305013	4260	1944	0	0	0	0	0	0	0	0	34	5305013	53	5	1
36968.45	1325.739	36	5305017	5305017	9.13827	35	5305017	4260	1944	0	0	0	0	0	0	0	0	35	5305017	53	5	1
29228.98	1400.223	37	5305018	5305018	7.22521	36	5305018	4260	1944	0	0	0	0	0	0	0	0	36	5305018	53	5	1
175090.5	2211.9	38	5305003	5305003	43.2641	37	5305003	4260	1944	0	0	0	0	0	0	0	0	37	5305003	53	5	1

wp　wpact　wpdata

图 6.12　表格连接结果

2. 表格的关联

与连接不同的是,当两个表格关联之后,从外观看仍是两个独立的表格,但在查询分析时,一个表的记录进入选择集时,另一个表中的记录也同步进入选择集。具体操作如下。

(1) 加载数据。打开 ArcMap,加载实验所需数据(wp. shp 和 wpact、apdata 两张表格数据),如图 6.10 所示。

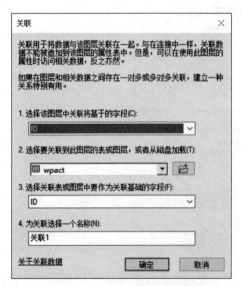

图 6.13　表格关联参数设置

(2) 表格的关联。在内容列表框中,右键单击 wp. shp 图层,选择"连接和关联|关联",选项,打开"关联"对话框;如图 6.13 所示,在"选择该图层中关联将基于的字段(C)"下拉列表中选择"ID"字段为 wp. shp 图层属性表和 wpact 表格的关联字段;在"选择要关联到此图层的表或图层,或者从磁盘加载(T)"中选择 wpact;在"选择关联表或图层中要作为关联基础的字段(F)"中选择"ID"字段;在"为关联选择一个名称(N)"文本框中为本关联设置一个名称,如"关联1";单击"确定"按钮,完成 wpact 表格和 wp. shp 图层属性表的关联。

用以上同样的操作步骤实现 wpdata 表格和 wp. shp 图层属性表的关联,关联名称可设为"关联2"。

(3) 查看关联结果。在内容列表框中,将 wp. shp 图层属性表及两张表格打开,在"表"窗口中单击左上角的表选项图标，选择"排列表|新建水平选项卡组"或"新建垂直选项卡

组",将三张表格在窗口中排列好,如图6.14所示;激活wp.shp图层属性表,并选中几个记录(高亮显示),单击表工具栏的关联表图标 🐢·,选择"关联1:wpact",wpact表中与图层属性表关联的记录将会高亮显示;再次激活wp.shp图层属性表,单击表工具栏的关联表图标 🐢·,选择"关联2:wpdata",wpdata表中与图层属性表关联的记录也将会高亮显示。

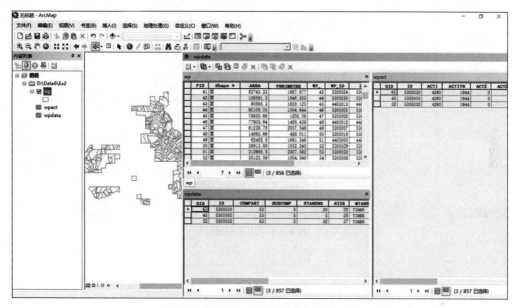

图6.14 表格关联结果

(四)适宜性分析

所需数据:GIS_data\Data6\Ex4目录下的landuse.shp、soil.shp和sewers.shp三个Shapefile图层。

本实验假设某大学要寻找一个新的水产养殖实验室的适宜地点,限制条件:首先,土地利用类型为灌木林地(landuse.shp中的lucode=300);其次,选择适宜开发的土壤类型(如soil.shp中的suit>=2);最后,地点必须在离下水道管线300m范围内。具体操作步骤如下:

1. 加载数据及单位设置

打开ArcMap,加载实验所需数据,在内容列表框中右键单击"图层|属性",在"数据框属性"中设置地图单位和距离单位都为米,如图6.15所示。

2. 缓冲区分析

选择菜单"地理处理(G)|缓冲区",或是选择"ArcToolbox|分析工具|邻域分析|缓冲区",打开"缓冲区"分析对话框(图6.16);在"输入要素"下拉列表中选择"sewers",在"输出要素类"文本框中指定输出文件保存路径及文件名(如"sewer_buf");在"距离[值或字段]"下方选择"线性单位",并设置为"300米";"融合类型(可选)"设置为"ALL";其他参数按

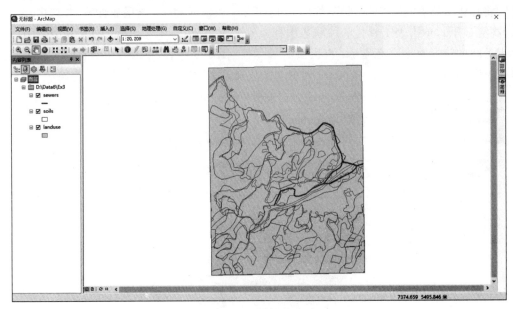

图 6.15　加载数据

图 6.16　缓冲区分析参数设置

默认设置；单击"确定"按钮，即可生成下水道管线的缓冲区，如图 6.17 所示。

3. 联合叠加分析

选择菜单"地理处理(G)|联合"，或是选择"ArcToolbox|分析工具|叠加分析|联合"，打开"联合"叠加对话框(图 6.18)；在"输入要素"下拉列表框中选择图层"soils"和"landuse"；在"输出要素"文本框中指定输出图层存放路径和文件名(如"landsoil")；其他参数按默认设置；单击"确定"按钮，完成两个图层的联合叠加，结果如图 6.19 所示。

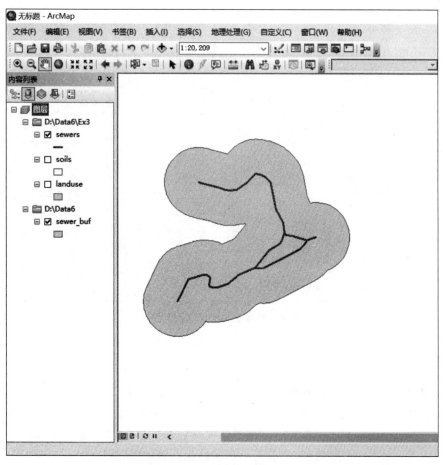

图 6.17 地下水道管线缓冲区

图 6.18 联合叠加参数设置

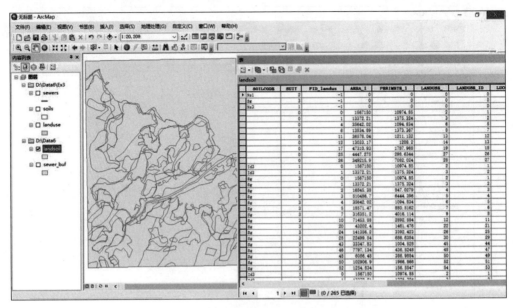

图 6.19　联合叠加结果图及其属性表

4. 相交叠加分析

选择菜单"地理处理(G)|相交",或是选择"ArcToolbox|分析工具|叠加分析|相交",打开"相交"叠加对话框(图 6.20);在"输入要素"下拉列表框中选择图层"landsoil"和"sewer_buf";在"输出要素"文本框中指定输出图层存放路径和文件名(如"landsoil_int");其他参数按默认设置;单击"确定"按钮,完成两个图层的相交叠加,结果如图 6.21 所示。

图 6.20　相交叠加参数设置

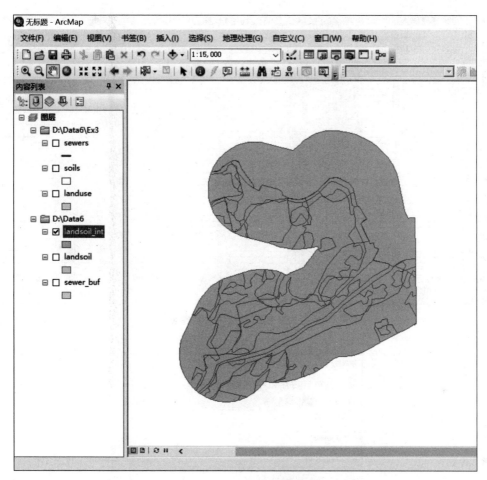

图 6.21 相交叠加结果图

5．属性数据处理

在内容列表框中，右键单击相交叠加结果图层 landsoil_int，选择"打开属性表"，如图 6.22 所示，可以看到该属性表中有两个面积字段（AREA 和 AREA_1）与两个周长字段（PERIMETER 和 PERIMETER_1），因叠加分析过程中并没有更新其面积和周长，其数值分别是原来图层 soils、landuse 的面积和周长，因此，需要删除其中的一个面积和周长字段，并重新计算其数值。具体操作如下：

（1）删除多余字段。在属性表中右键单击字段 AREA_1，选择"删除字段"，在出现的对话框中单击"确定"按钮，删除字段"AREA_1"；用同样的操作删除字段"PERIMETER_1"。

（2）更新面积、周长。在属性表中右键单击字段 AREA，选择"计算几何"，在"计算几何"对话框中的"属性"下拉列表中选择"面积"，单击"确定"按钮，完成面积更新计算；在属性表中再次右键单击字段 PERIMETER，选择"计算几何"，在"计算几何"对话框中的"属性"下拉列表中选择"周长"，单击"确定"按钮，完成周长更新计算。

（3）查询分析。在属性表窗口中单击左上角的表选项图标 ▦▾，选择"按属性选择"，打开"按属性选择"对话框；如图 6.23 所示，在下方"查询条件（SELECT* FROM landsoil_int

图 6.22　相交叠加结果属性表

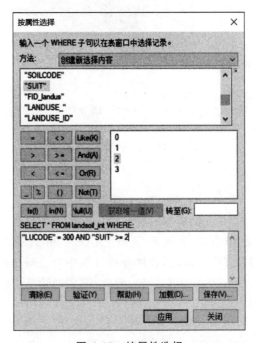

图 6.23　按属性选择

WHERE)"文本框中输入查询表达式为"LUCODE" =300 AND "SUIT">=2,单击"应用"按钮并单击"关闭"按钮。查询结果即为满足条件的水产养殖实验室的适宜地点,如图 6.24 所示。

6. 导出查询结果

在地图窗口的内容列表框中,右键单击图层 landsoil_int,选择"数据丨导出数据",如

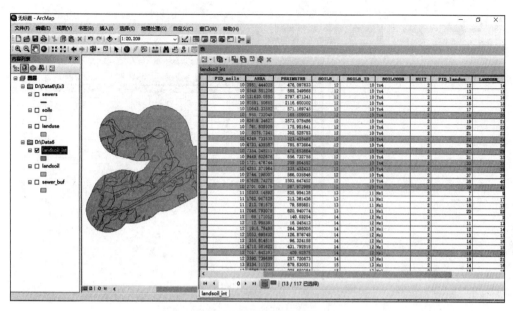

图 6.24　查询分析结果

图 6.25 所示,"导出"列表框中选择"所选要素",在"输出要素类"文本框中指定导出数据保存路径及文件名(如 final.shp)。

图 6.25　导出查询分析结果

7. 查看分析结果

如图 6.26 所示,在地图窗口中,将上一步导出的分析结果图层 final.shp 添加进来,打开其属性表可以查看各地块的相关属性。在属性表中右键单击"AREA"字段,选择"统计",面积统计结果如图 6.27 所示。

本章提示 2:采用导出数据的方式将查询结果保存成新图层,这样可以让结果图仅显示满足三个条件的地块,还可以通过其属性表了解每个地块对应的属性值,方便决策者使用。

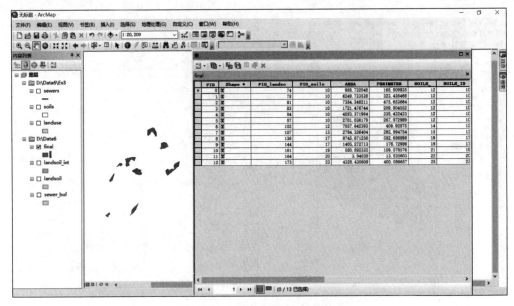

图 6.26 分析结果图及其属性表

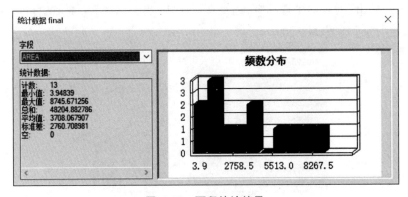

图 6.27 面积统计结果

GIS地图设计与输出

实验数据 7

实验 7 视频 1

实验 7 视频 2

一、实验内容

（1）基础地图的编制。

（2）专题地图的编制。

（3）系列图的生成。

（4）数字地图输出。

二、实验目的

（1）巩固地图学基础知识。

（2）掌握用 GIS 工具实现数字地图布局设计和输出。

三、实验指导

（一）利用 ArcGIS 编制基础地图

所需数据：GIS_data\Data7\Ex1 目录下的村庄（sub_con. shp）。

根据所给数据完成基础地图的编制和设计，初步了解基础地图的编制与设计，为地图的输出做准备。

编制基础地图的步骤如下。

1. 加载数据

打开 ArcGIS 软件，将地图显示窗口切换为"布局视图"，并在工具栏中单击"添加数据"按钮，打开实验所需数据，如图 7.1 所示。

2. 设置地图单位

选择"视图（V）│数据框属性"命令，弹出"数据框属性"对话框，在对话框的"常规"标签

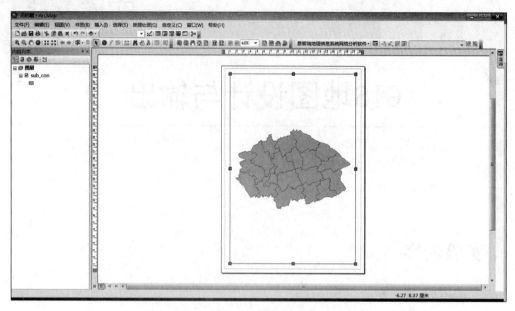

图 7.1 加载数据

中,将地图单位和显示单位都设置为"米",如图 7.2 所示。

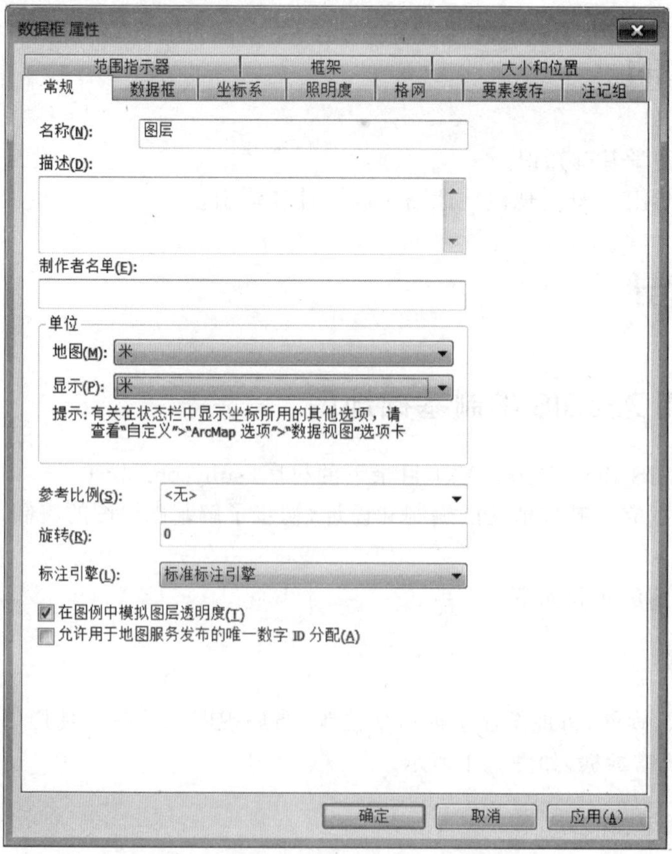

图 7.2 设置地图单位和显示单位

3. 添加字段

　　右键单击"sub_con"图层,打开"属性"对话框,选中"符号系统"标签,选择"显示(S)｜类别｜唯一值"命令。在"值字段(V)"中选择"NAME"字段,单击"添加所有值(L)"按钮,如图 7.3 所示。之后,单击"确定"按钮,即可显示由分级色彩表示的各乡村专题图,如图 7.4 所示。

图 7.3　设置图层显示属性

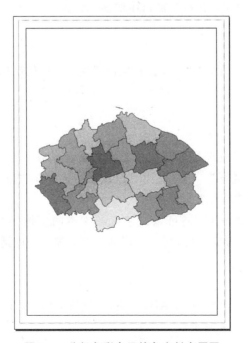

图 7.4　分级色彩表示的各乡村专题图

4. 布局设计

单击工具栏中的"更改布局"按钮,在"Traditional Layouts"标签中任意选择一种模板(如"LetterLandscape.mxd"),并单击"完成"按钮,如图7.5所示。

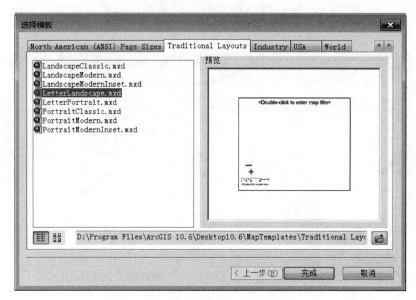

图 7.5　模板管理器和选择地图布局模板

5. 模板地图要素装饰

对模板中的各地图要素进行整饰。可以利用工具栏上的"放大""缩小"和"平移"按钮调整乡村专题图的显示比例及其在布局窗口中的显示位置。

6. 图例设计

激活工具栏上的"选择元素"按钮,选中"图例"要素后按住鼠标左键并拖动鼠标,可以调整图例的显示位置。

7. 标题设计

双击"标题"要素,打开地图标题属性设置对话框。在对话框的"文本(T)"标签中将地图的标题设置为"乡村专题图"。该标签中可以设置标题文本的角度(A)、对齐方式、字符间距(H)和行间距(L)等参数,如图7.6所示。

在单击"更改符号"按钮后,还可以设置标题文本的字体、大小(S)和样式等参数,如图7.7所示。所有参数设置完成后,将标题拖动至布局窗口中的适当位置。

8. 指北针设计

双击"指北针"要素,打开"North Arrow 属性"设置对话框,在该对话框中可以设置指北针要素的相关参数,如图7.8所示。

图 7.6 标题属性设置对话框

图 7.7 设置标题文本参数

单击"指北针"标签中的"样式(S)"按钮,可以打开"指北针选择器"对话框,在该对话框中可以选择指北针的样式,如图 7.9 所示。所有参数设置完成后,将指北针拖动至布局窗口中的适当位置。

9. 比例尺设计

双击"比例尺"要素,打开"Stepped Scale Line 属性"设置对话框,在"比例和单位"标签

图7.8　指北针属性设置对话框

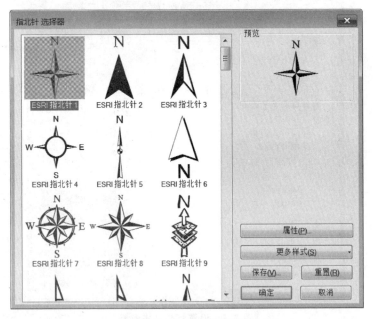

图7.9　指北针选择器

中将"主刻度数(V)"设置为"1","主刻度单位(D)"设置为"米",如图7.10所示。应用设置并将比例尺拖动至布局窗口中的适当位置。

10. 文本属性设计

双击"文本"要素,在文本属性设置对话框的"文本(T)"标签中输入地图制作者等相关文本信息(如"××工作室制作"),如图7.11所示。之后,与标题要素类似,设置文本要素的

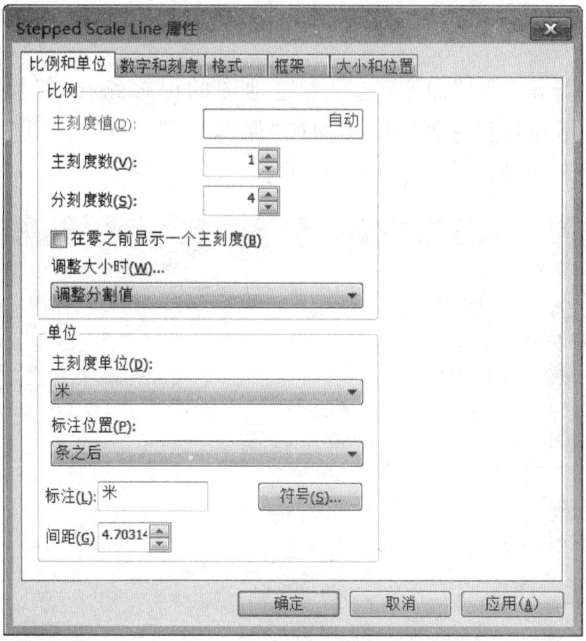

图 7.10 比例尺属性设置对话框

图 7.11 文本属性设置对话框

参数并调整其显示位置。

本章提示 1：布局窗口中的图例、指北针和比例尺等地图要素均为可自由调节的图形对象，可以通过不同的方法来操纵一个激活的图形对象。例如，可以使用拖动操作将要素放置于布局窗口中的任何位置，还可以利用要素四周的控制点进行要素的缩放控制。此外，各要素的属性设置对话框中均有"大小和位置"标签。通过修改标签内的相关参数，可以指定各要素的高度、宽度和相对位置（均以 mile 为单位）。该方法可用于实现要素在布局窗口中的精确定位。

11. 生成专题地图

选择"文件(F)│导出地图"命令,选择专题地图的保存路径,设置专题地图的"文件名(N)"为"乡村专题图.png",并选择专题地图的"保存类型(T)",如图 7.12 所示。可在保存路径下查看已输出的专题地图,如图 7.13 所示。

图 7.12　导出专题地图

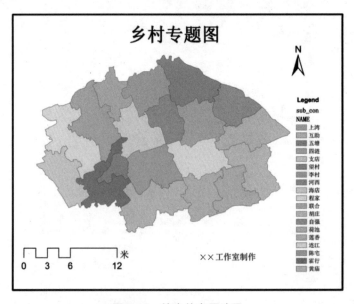

图 7.13　输出的专题地图

(二) 制作统计图

所需数据:GIS_data\Data7\Ex2 目录下的乡镇图(townshp.shp,人口密度专题)。

制作统计图的步骤如下。

1. 加载数据

打开 ArcGIS 软件,并在工具栏中单击"添加数据"按钮,打开实验所需数据,如图 7.14 所示。

图 7.14　加载数据

2. 选取数据

右键单击"townshp"图层,选择"打开属性表"命令,打开该图层属性表。在属性表中任意选择若干条记录(约 10 条),如图 7.15 所示。

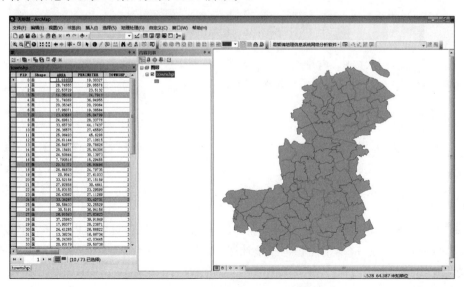

图 7.15　选择属性表中待统计的记录

本章提示 2：打开图层属性表后，可以按住键盘上的"Ctrl"键，同时选择多条记录。被选中的记录会高亮显示，与记录相对应的图形对象亦会在地图窗口中高亮显示。

3．创建图表

单击表工具栏中的"表选项"按钮，选择"创建图表"，打开"创建图表向导"对话框。在对话框中，将"值字段(V)"指定为"AREA"，此时对话框右侧的预览窗口中会显示待创建图表的预览，如图 7.16 所示。

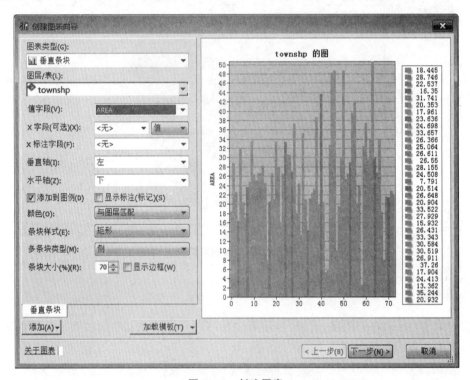

图 7.16　创建图表

单击"下一步(N)"按钮，再单击"完成"按钮，即可生成各乡镇面积概览图。图中高亮显示的图柱与属性表内所选记录对应，如图 7.17 所示。

4．汇总统计信息

关闭面积概览图，单击属性表下方工具栏上"显示所选记录"按钮，右键单击表头中的"AREA"字段，选择"汇总"命令。在"汇总"对话框中，将"1.选择汇总字段(F)"设置为"CON_NAME"；并在"2.选择一个或多个要包括在输出表中的汇总统计信息(S)"中选择"AREA"项目下的"总和"，如图 7.18 所示。

单击"汇总"对话框中的"确定"按钮，在弹出的"汇总已完成"对话框中选择"是"，将生成面积汇总统计图层。右键单击面积汇总统计图层，选择"打开"命令，将以表格的形式查看面积分类汇总统计信息，如图 7.19 所示。

本章提示 3：在"汇总"对话框内，"1.选择汇总字段(F)"中所指定的字段为待生成统计表的分类字段；"2.选择一个或多个要包括在输出表中的汇总统计信息(S)"中所指定的字

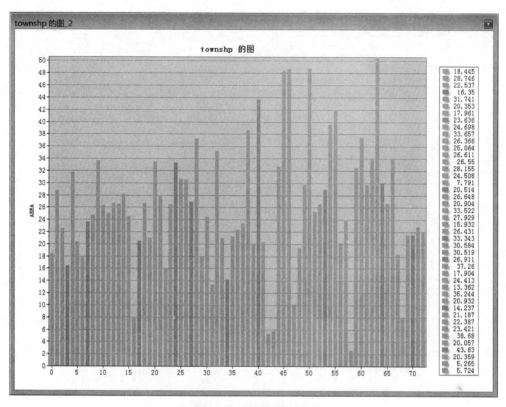

图 7.17　生成面积概览图

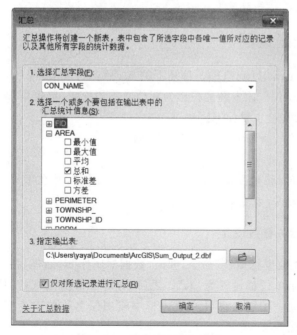

图 7.18　汇总统计信息设置

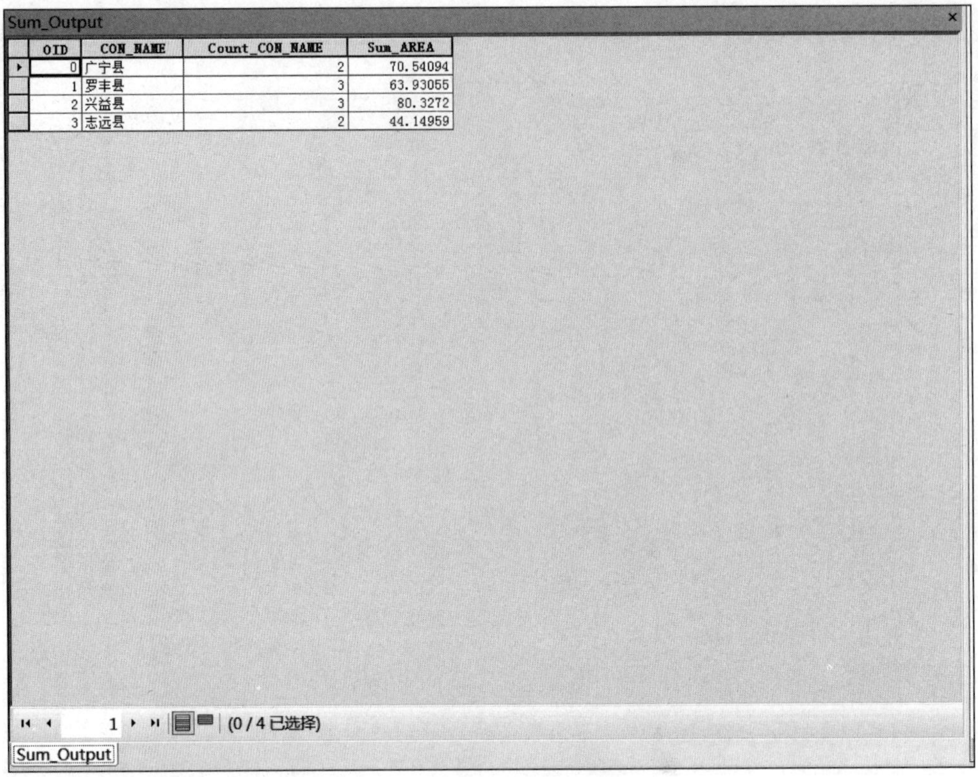

OID	CON_NAME	Count_CON_NAME	Sum_AREA
0	广宁县	2	70.54094
1	罗丰县	3	63.93055
2	兴益县	3	80.3272
3	志远县	2	44.14959

图 7.19　面积分类汇总统计表

段为待生成统计表的汇总字段。

（三）制作专题地图

所需数据：GIS_data\Data7\Ex3 目录下的 us.shp，一个显示 1990—1998 年美国各州人口变化专题的 Shapefile，该专题的投影为阿伯斯等积投影，单位是“米”。

制作专题地图的实验步骤如下。

1. 加载数据

打开 ArcGIS 软件，将地图显示窗口切换为“布局视图”，并在工具栏中单击“添加数据”按钮，打开实验所需数据，如图 7.20 所示。

2. 地图单位及相关参数设计

选择“视图(V) | 数据框属性”命令，弹出“数据框属性”对话框，在对话框的“常规”标签中，将地图单位和显示单位都设置为“米”。之后，右键单击图层“us”，打开“图层属性”对话框，选择“常规”标签，在“图层名称(L)”文本框中将图层名称修改为“Percentage Change”，单击“确定”按钮，如图 7.21 所示。

图 7.20　加载美国本土数据

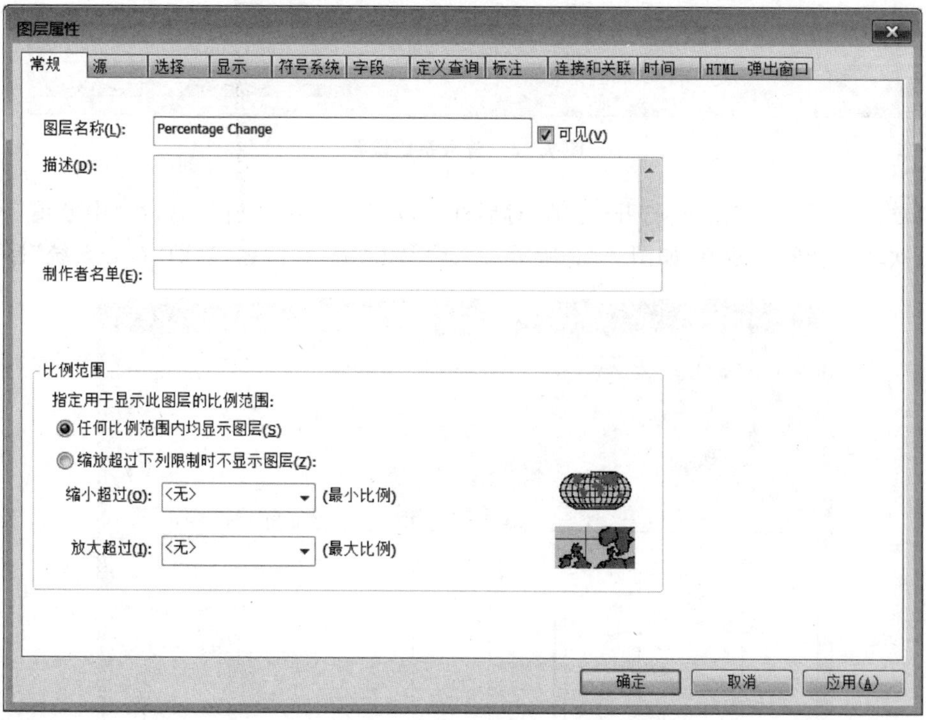

图 7.21　修改图层名称

3. 添加字段

右键单击"Percentage Change"图层,打开"图层属性"对话框,选中"符号系统"标签,选择"显示(S)│数量│分级色彩"命令。将"字段"栏目中的"值(V)"设置为"ZCHANGE",如

图 7.22 所示。该字段包含了 1990—1998 年美国各州人口百分率变化的数据，默认设置分为"5"种类型。

图 7.22　符号系统设置

再单击"分类(C)"按钮，打开"分类"对话框。以"10"为中断值间隔，在"中断值(K)"栏目中依次输入新的中断值，如图 7.23 所示。之后单击"确定"按钮，返回"符号系统"标签。

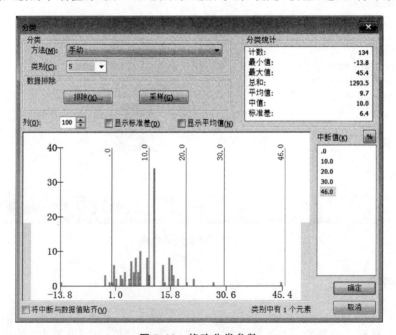

图 7.23　修改分类参数

在"标注"栏目中依次输入以下新的标注值："-14-0""0-10""10-20""20-30""30-46",之后单击"确定"按钮,完成专题地图分级色彩表示的设置,如图7.24所示。新的标注值将在专题地图的图例中予以体现。

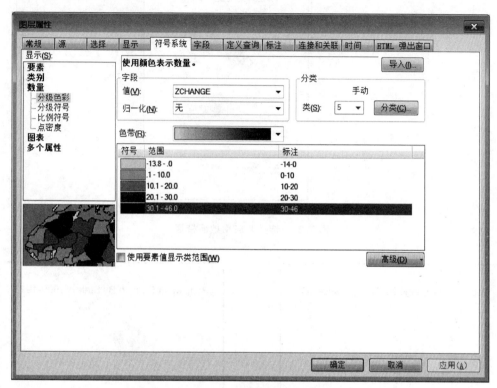

图7.24　设置图例标注

本章提示4:在"符号系统"标签中,允许用户自行设置专题地图图例的类型数和分类方法。通过修改"类(S)"栏目的数值可以改变类型数;在"分类"对话框中可以通过"方法(M)"栏目指定分类方法,例如"手动"或"自然间断点分级法"等。此外,"中断值(K)"栏目可用于输入用户希望的类型分割点;"标注"栏目可通过引入逻辑断点(通常为"0"),将分类值取值范围内的负值和正值区分开来,使图例的显示效果更为直观。

4.布局设计

单击工具栏中的"更改布局"按钮,在"传统布局"标签中任意选择一种模板(如"LetterPortrait"),并单击"完成"按钮,如图7.25所示。

5.地图要素整饰

对地图要素进行整饰。首先双击"标题"要素,打开地图标题属性设置对话框。在对话框的"文本"标签中将地图的标题设置为"Population Change By State,1990-1998",并单击"确定"按钮,完成专题地图标题的修改,如图7.26所示。

利用工具栏上的"放大""缩小"和"平移"按钮调整专题地图的显示比例及其在布局窗口中的显示位置,如图7.27所示。

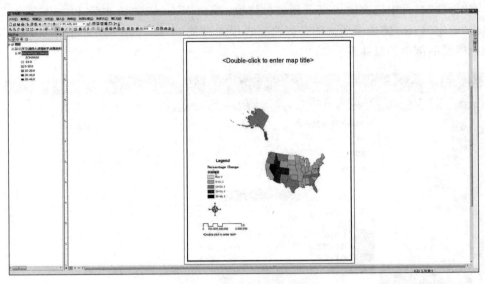

图 7.25 选择并应用地图模板

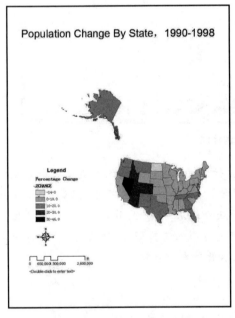

图 7.26 修改专题地图标题

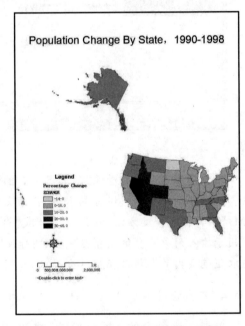

图 7.27 调整专题地图的显示比例

6. 指北针设计

双击"指北针"要素,打开指北针属性设置对话框,选择指北针的样式并设置指北针参数。再结合工具栏中的"选择元素"按钮和指北针要素周围的控制点调整指北针的尺寸和显示位置,如图 7.28 所示。

7. 图例要素整饰

调整图例要素的尺寸及显示位置,如图7.29所示。

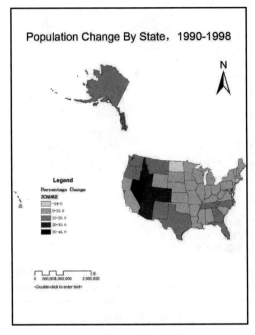

图7.28 指北针要素的整饰

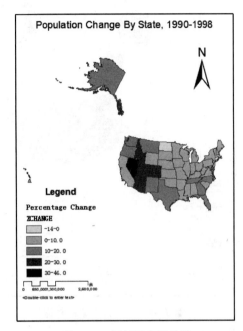

图7.29 图例要素的整饰

8. 比例尺设计

双击"比例尺"要素,打开 Stepped Scale Line 属性设置对话框,在"比例和单位"标签中将"主刻度数"设置为"1","主刻度单位(D)"设置为"千米",应用设置并将比例尺拖动至布局窗口中的适当位置。之后,利用控制点调整比例尺要素的尺寸,如图7.30所示。

9. 文本要素整饰

双击"文本"要素,在文本属性设置对话框的"文本(T)"标签中输入如地图制作者、制作时间等相关文本信息。之后,设置文本要素的参数(如字体大小)并调整其显示位置,如图7.31所示。

10. 生成专题地图

选择"文件(F)|导出地图"命令,选择专题地图的保存路径,设置专题地图的"文件名(N)"为"Population Change By State,1900-1998.png",并选择专题地图的"保存类型(T)",如图7.32所示。之后,可在保存路径下查看已输出的专题地图,如图7.33所示。

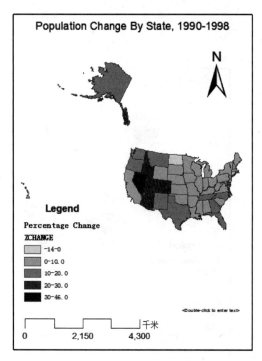

图 7.30　比例尺要素的整饰

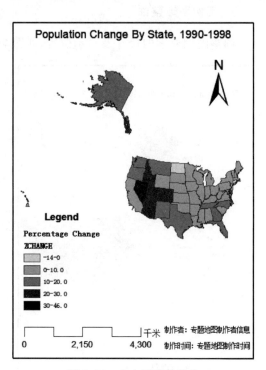

图 7.31　文本要素的整饰

图 7.32　导出专题地图

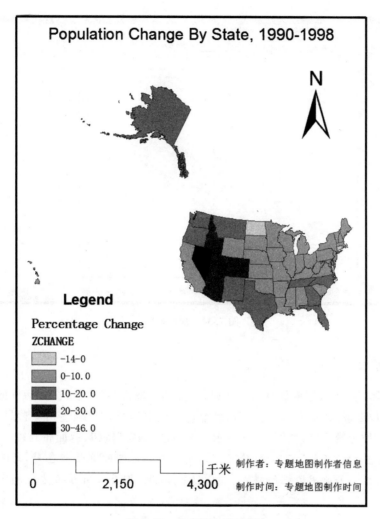

图 7.33 输出的专题地图

（四）实现地图的输出

所需数据：GIS_data\Data7\Ex4 目录下的 1∶1000000 福州行政区划图（FuzhouZQ. shp）。

在编制基础地图、专题地图时已介绍过输出地图的步骤，这里作为"输出地图"一个完整的内容再提供实验者实习。尤其是页面设置、新建布局特征、对地图的进一步处理等操作。

输出地图实验步骤如下。

1. 加载数据

打开 ArcGIS 软件，将地图显示窗口切换为"布局视图"，并在工具栏中单击"添加数据"按钮，打开实验所需数据，如图 7.34 所示。

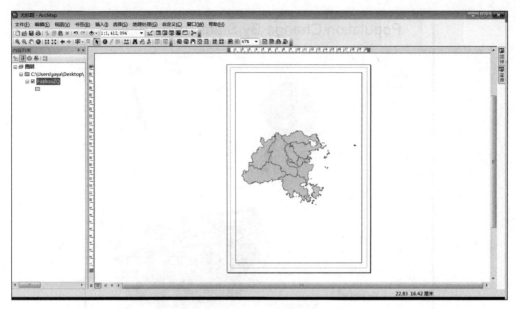

图 7.34　加载数据

2．设置单位

选择"视图(V)│数据框属性"命令,弹出"数据框属性"对话框,在对话框的"常规"标签中,将显示单位设置为"千米"。之后,切换至对话框中的"框架"标签,在"背景"栏目中为专题地图选择一种背景颜色,如图 7.35 所示。再单击"确定"按钮,返回布局视图。

本章提示 5:在"框架"标签中,除了可以设置专题地图的背景颜色外,还可以修改视图的其他数据属性。如地图边框的样式、颜色(C)、间距、是否采用圆角边框和下拉阴影的样式等。

3．选择属性

选择菜单栏中的"文件(F)│页面和打印设置"命令,弹出"页面和打印设置"对话框,在对话框的"方向(A)"栏目中,选择"纵向",再单击"确定"按钮,完成页面设置,如图 7.36 所示。

4．选择布局面板

右键单击"FuzhouZQ"图层,打开"图层属性"对话框,选中"符号系统"标签,选择"显示(S)│图表│饼图"命令。在"字段选择"栏目中,按住键盘上的"Shift"键,依次选择"GDP1""GDP2"和"GDP3"3 个字段,并单击"添加"按钮,将被选中的 3 个字段添加至右侧的空白栏目中。之后,在"背景(G)"和"配色方案(C)"栏目中分别指定待生成饼状统计图的背景色和配色方案。若有需要,还可在"属性(P)"栏目和"大小(Z)"栏目中,对饼图的详细参数做进一步的调整与设置,并单击"应用(A)"按钮,如图 7.37 所示。

图 7.35 设置视图数据属性

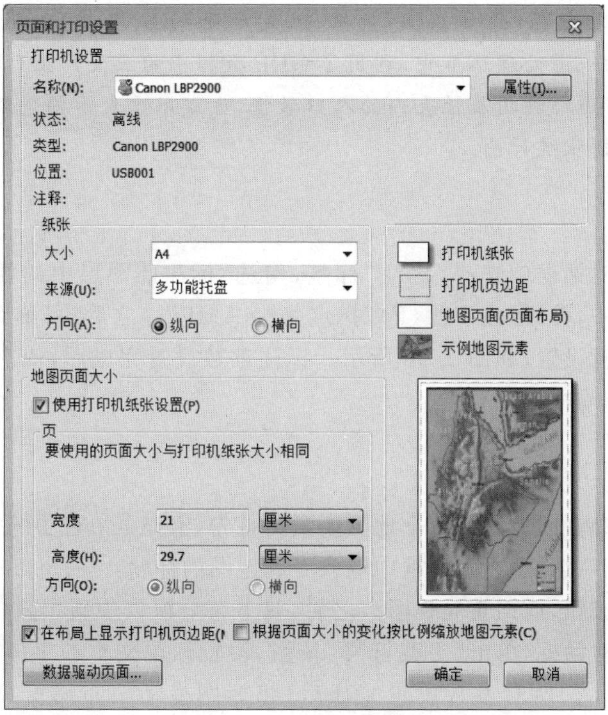

图 7.36 设置地图页面

图 7.37　设置 GDP 饼状统计图属性

本章提示 6：在"FuzhouZQ"图层的属性表中，包含了福州市行政区内的相关统计数据，如人口数据(含总人口数、男性人口数、女性人口数、15 岁以下人口数、15～65 岁人口数、65 岁以上人口数)、GDP 数据(总体 GDP 数据、三大产业 GDP 数据)和代码(市代码、政区代码)等。在本实验的地图处理环节中，利用了 GDP 数据中的三大产业 GDP 数据生成饼状统计图。此外，实验者还可利用属性表内的人口数据，生成用于表示福州市男女人口比例或各年龄段人口比例的饼状统计图。

5. 模板整饰

在"图层属性"对话框中选择"标注"标签，勾选"标注此图层中的要素(L)"选项，并在"文本字符串"栏目中，将"标注字段(F)"指定为"NAME"。之后，可继续对标注的字体、字号和样式等参数进行设置，如图 7.38 所示。标注参数设置完成后，依次单击"应用(A)"和"确定"按钮，返回布局视图。

6. 图例选择

依次添加并整饰专题地图的各个地图要素。首先，选择菜单栏中的"插入(I)｜标题"命令，弹出"插入标题"对话框，在对话框中输入专题地图的标题："福州市三大产业 GDP 专题图"，再单击"确定"按钮，返回布局视图。之后，双击布局窗口中新生成的"标题"要素，打开地图标题属性设置对话框，单击"更改符号"按钮，设置标题文本的字体、大小(S)和样式等参数，如图 7.39 所示。所有参数设置完成后，将标题拖动至布局窗口中的适当位置，如图 7.40 所示。

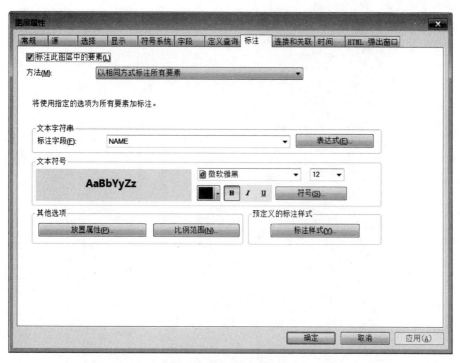

图 7.38　设置地图标注属性

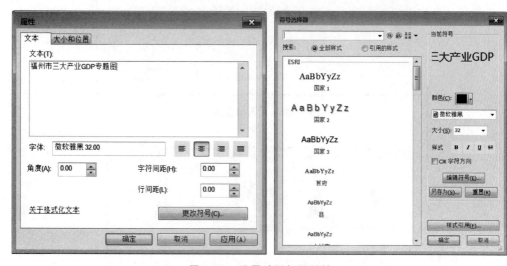

图 7.39　设置地图标题属性

7. 标题属性选择

选择菜单栏中的"插入(I)｜指北针"命令，弹出"指北针选择器"对话框，在对话框中指定指北针的样式，如图 7.41 所示。单击"确定"按钮，返回布局视图。之后，利用工具栏中的"选择元素"按钮和指北针要素周围的控制点调整指北针的尺寸和显示位置，如图 7.42 所示。

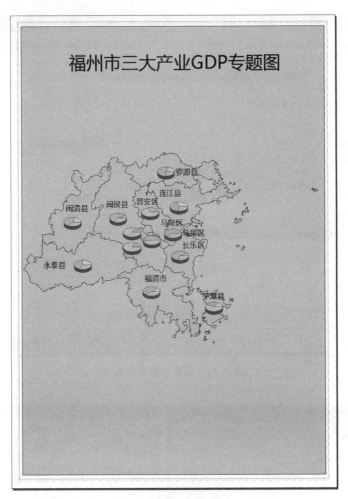

图 7.40 插入地图标题

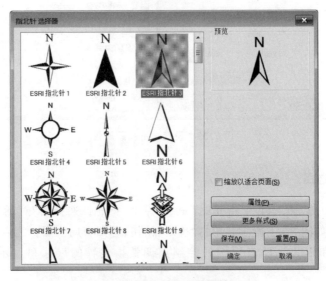

图 7.41 设置指北针属性

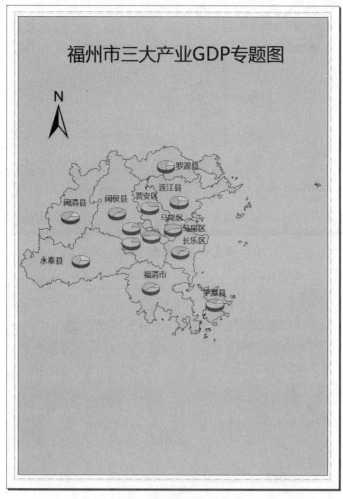

图 7.42　插入指北针

8．方向标选择

选择菜单栏中的"插入（I）｜图例"命令，弹出"图例向导"对话框，在"图例项"栏目中选择"FuzhouZQ"，如图 7.43 所示。单击"下一步（N）"按钮，依次设置图例的标题、颜色、大小和字体等参数，并单击"下一步（N）"按钮。继续设置图例的边框、背景、下拉阴影、间距和圆角等参数，并单击"下一步（N）"按钮。之后，继续根据"图例向导"对话框中的提示设置图例相关参数。最后，单击"完成"按钮，退出"图例向导"，返回布局视图，并对图例的尺寸和显示位置进行调整，如图 7.44 所示。

9．比例尺选择

选择菜单栏中的"插入（I）｜比例尺"命令，弹出"比例尺选择器"对话框，在对话框中任意选择一种比例尺样式，如图 7.45 所示。之后，单击对话框中的"属性（P）"按钮，在"比例和单位"标签中将"主刻度数（V）"设置为"2"，"主刻度单位（D）"设置为"千米"，如图 7.46 所

图 7.43 设置图例属性

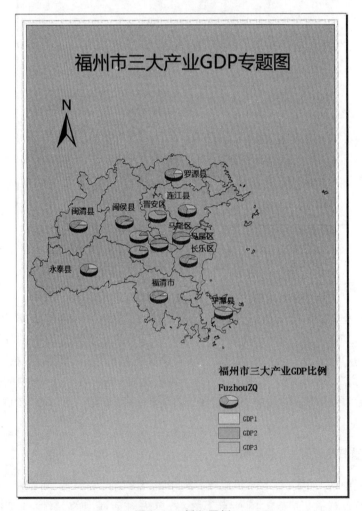

图 7.44 插入图例

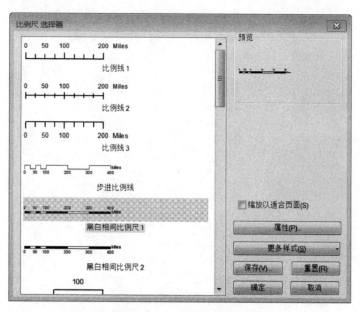

图 7.45 选择比例尺样式

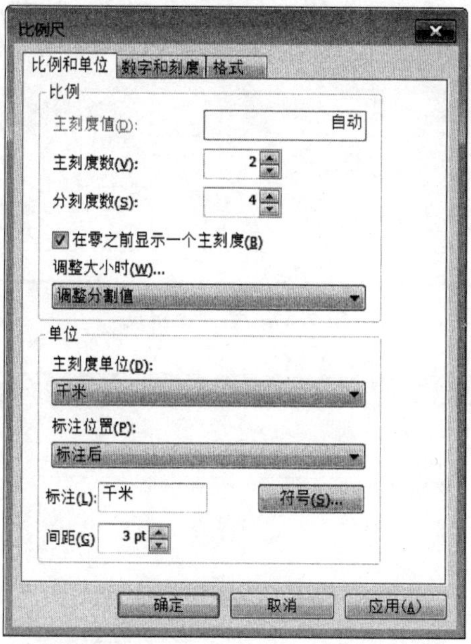

图 7.46 设置比例尺属性

示。之后,返回布局视图,调整比例尺的尺寸和显示位置,如图 7.47 所示。

10. 其他要素设置

选择菜单栏中的"插入(I)|文本"命令,生成新的"文本"要素。之后,双击该要素,打开"属性"对话框,在"文本(T)"栏目中输入专题地图的制作时间信息,如图 7.48 所示。再单击"更改符号(C)"按钮,设置"文本"要素的字体、大小(S)和样式等参数,如图 7.49 所示。

图 7.47 插入比例尺

图 7.48 输入文本信息

所有参数设置完成后,将"文本"要素拖动至布局窗口中的适当位置,如图7.50所示。

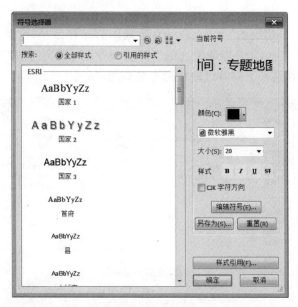

图7.49　设置文本属性

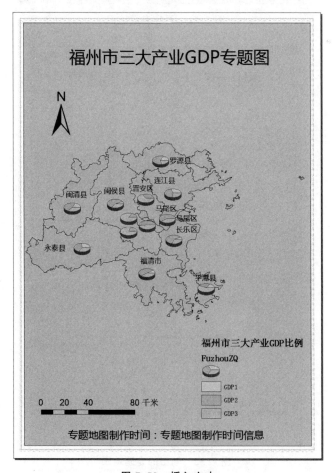

图7.50　插入文本

11. 导出地图

选择"文件(F)|导出地图"命令,选择专题地图的保存路径,设置专题地图的"文件名(N)"为"福州市三大产业 GDP 专题图.png",并选择专题地图的"保存类型(T)",如图 7.51 所示。之后,可在保存路径下查看已输出的专题地图,如图 7.52 所示。

图 7.51 导出专题地图

图 7.52 输出的专题地图

实验项目8

DEM的研究应用

一、实验内容

数字高程模型(Digital Elevation Model,DEM)是通过有限的地形高程数据实现对地形的数字化模拟(即地形表面形态的数字化表达),它是用一组有序数值阵列形式表示地面高程的一种实体地面模型,是数字地形模型(Digital Terrain Model,DTM)的一个分支,其他各种地形特征值均可由此派生,如实验项目4地形分析。GIS空间分析多采用DEM数据。本实验尝试不同的DEM数据误差模型估算。选用不同地区典型地貌的影像重采样成若干幅不同分辨率的影像,提取各个影像随机点的高程值计算RMSE误差,最后用影像的分辨率和RMSE做线性回归分析得出对应的曲线图。

二、实验目的

了解DEM精度以及DEM误差的大小问题,构建不同DEM数据误差模型及评估方法,为后续进一步学习GIS打下基础。

三、实验指导

(一)实验数据与流程

(1)数据:地理云下载的SRTM的DEM数据(90m),数据如图8.1所示。

为了更加有代表性,这里实验选择典型地貌。如以我国的典型的高原(青藏高原)、平原(长江中下游平原)、丘陵(东南丘陵)、山地(太行山脉)为例。

(2)工作流程图如图8.2所示。

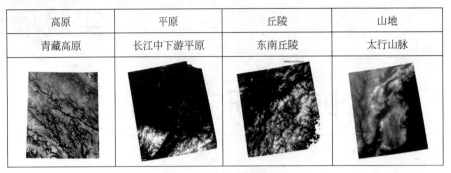

高原	平原	丘陵	山地
青藏高原	长江中下游平原	东南丘陵	太行山脉

图 8.1　DEM 实验数据

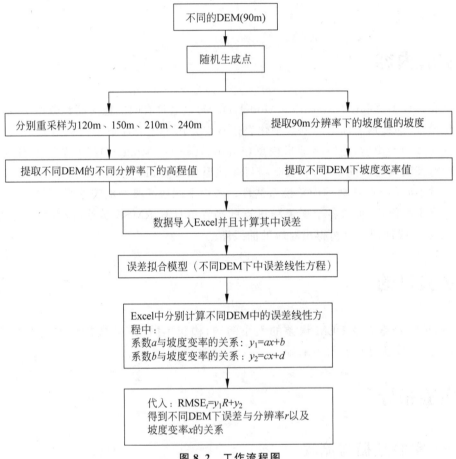

图 8.2　工作流程图

（二）实验步骤

1. 生成随机点（以青藏高原为例）

（1）在 ArcGIS 中加载实验区 DEM 图层并显示，如图 8.3 和图 8.4 所示。

（2）在 ArcGIS 的 ArcToolbox 中打开"数据管理工具"，选择"要素类"，创建随机点，如图 8.5 所示。

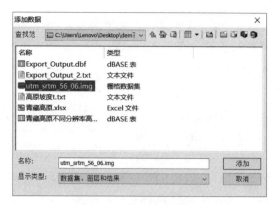

图 8.3 加载 DEM 图层

图 8.4 显示 DEM

图 8.5 创建随机点

（3）在创建随机点对话框中，确认要素和点要素的范围，输入随机点个数以及结果图层的名称，创建多点输出（要先勾选这个按钮才可以输出点，如图 8.6 所示），最后单击"确定"按钮即可生成对应的图，如图 8.7 所示。

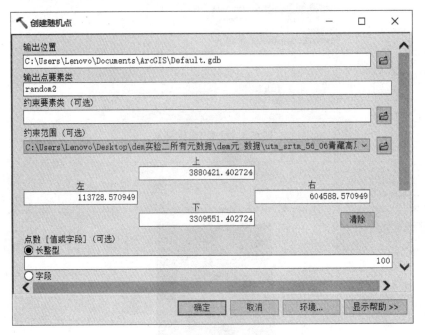

图 8.6　创建随机点窗口

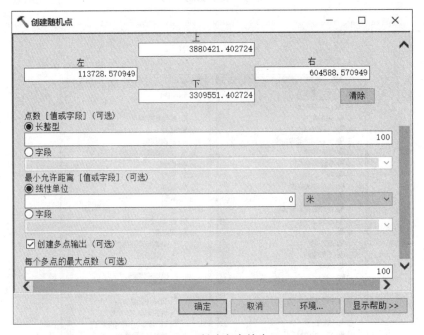

图 8.7　创建多点输出

（4）生成的随机点图层，如图 8.8 所示。

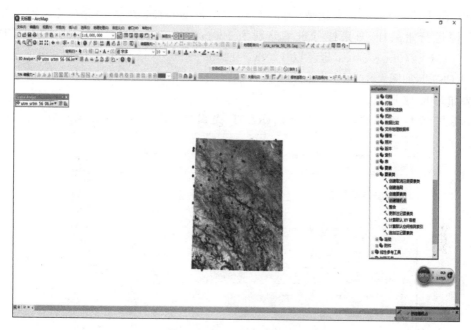

图 8.8　生成的随机点图示

2．进行重采样

（1）在 ArcToolbox 中打开"数据管理工具"，选择"栅格|栅格处理|重采样"，如图 8.9 所示。

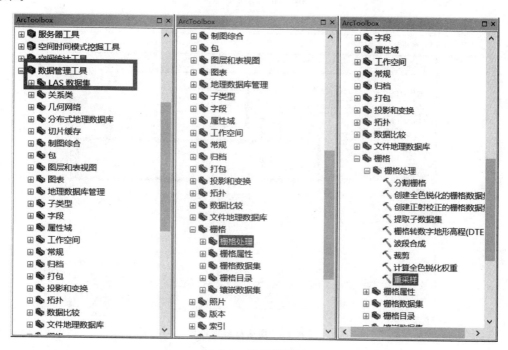

图 8.9　重采样界面

（2）由于原始 DEM 数据就是 90m×90m 的分辨率 DEM 图像，因此在此基础上按 30m 递增间隔进行重采样，重采样分辨率分别为 120m×120m、150m×150m、180m×180m、210m×210m、240m×240m 等。以 120m×120m 为例，对话框重采样技术（可选）选择"NEAREST"，如图 8.10 所示；本采样技术选择"NEAREST"选项，如图 8.11 所示；重采样结果如图 8.12 所示。

本章提示 1：重采样技术选取"NEAREST"是因为该方法不会改变像元值。

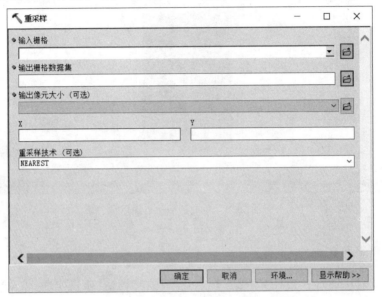

图 8.10 重采样界面

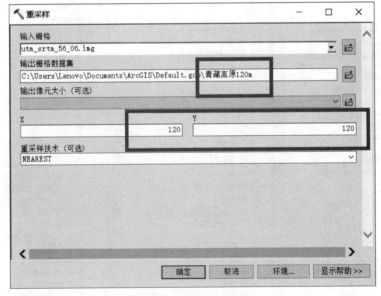

图 8.11 重采样界面设置

（3）重复以上步骤，对原始图层依次进行 150m×150m,180m×180m,210m×210m,

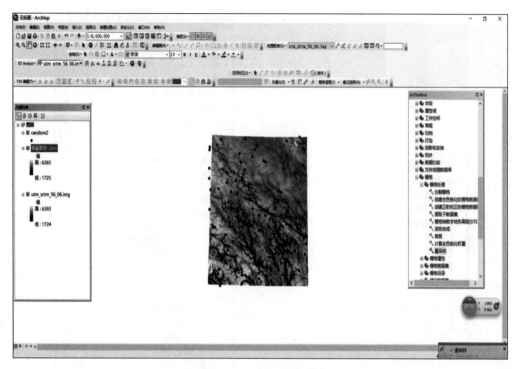

图 8.12　重采样结果图

240m×240m 进行重采样,并有序的命名图层,具体如图 8.13 所示。单击图层左侧的按钮可以将图层收起来便于整体观看。

3. 多值提取至点

(1) 在 ArcToolbox 中打开"Spatial Analyst 工具",选择"提取分析|多值提取至点",出现对话框选择,如图 8.14 所示。

(2) 将重采样生成栅格数据分别输入,如图 8.15 所示,单击确定按钮,完成点图层的高程赋值,打开点图层属性表,如图 8.16 所示。

4. 将点导出并计算误差

(1) 在属性表中,选择"Export",单击"OK"按钮确认,导出数据并保存成文本格式,如图 8.17 和图 8.18 所示。

(2) 根据 RMSE 的公式,计算 Excel 表格中各个重采样 DEM 的均方根误差,计算出均方根误差。具体均方根差值(RMSE)公式如下:

$$\text{RMSE} = \sqrt{\dfrac{\sum_{i=1}^{n}(n-i)^2}{150}}$$

其中,n 为原高程的高程值,i 为重采样后改变分辨率的高程值。

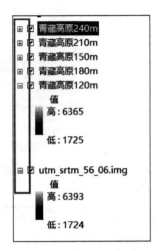

图 8.13　重采样结果图层

图 8.14　多值提取至点面板

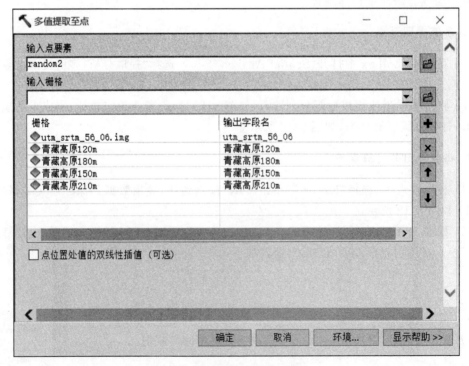

图 8.15　多值提取至点界面

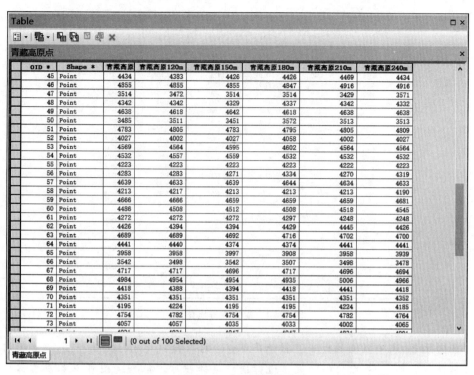

图 8.16 点图层属性表

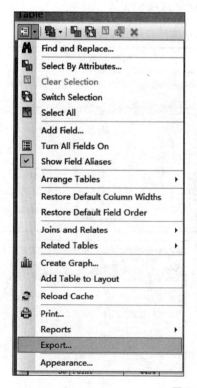

图 8.17 属性表导出界面

	青藏高原240m	青藏高原240m_1	青藏高原210m_1	青藏高原180m_1	青藏高原150m_1	青藏高原120m_1	青藏高原_1
	G	H	I	J	K	L	M
2	4371	4371	4317	4348	4346	4348	4348
3	4542	4542	4536	4542	4542	4539	4544
4	5083	5083	5126	5080	5032	5032	5080
5	4827	4827	4848	4915	4867	4848	4867
6	4240	4240	4196	4224	4180	4180	4182
7	4656	4656	4659	4673	4680	4669	4669
8	4689	4689	4689	4701	4689	4692	4689
9	4393	4393	4361	4411	4406	4418	4393
10	3893	3893	3909	3874	3874	3893	3909
11	4181	4181	4224	4181	4194	4234	4194
12	4585	4585	4584	4580	4579	4581	4581
13	4378	4378	4384	4385	4384	4384	4384
14	4684	4684	4660	4614	4692	4692	4692
15	4572	4572	4573	4564	4564	4564	4564
16	4609	4609	4616	4610	4606	4612	4610
17	4297	4297	4248	4211	4248	4297	4248
18	3989	3989	3981	3973	3989	3989	3981
19	4658	4658	4666	4691	4696	4691	4696
20	4300	4300	4306	4294	4303	4303	4303
21	4867	4867	4864	4864	4864	4851	4864
22	4373	4373	4362	4366	4366	4365	4359
23	4284	4284	4246	4254	4254	4273	4254
24	4494	4494	4507	4497	4505	4505	4505
25	4282	4282	4289	4283	4291	4283	4283
26	4329	4329	4267	4276	4281	4281	4281
27	4545	4545	4551	4551	4559	4575	4559
28	5461	5461	5377	5429	5461	5377	5429

Sheet1　Sheet2　Sheet3

使用鼠标将复制的格式应用到其他对象

图 8.18　属性表导出结果

本章提示 2：表中误差的大小直接使用 Excel 的函数 stdevp()拖拉即可,或者使用 spss 软件数据处理也可以,对应的按钮直接进行拖拉选择即可。根据绘图可以初步看出均方差值 RMSE 和重采样呈线性关系,接着借助 spss 软件进一步验证,并估算误差。

（3）其余三种地形按照上述步骤重复操作一次,结果具体如表 8.1 所示。

表 8.1　三种地形实验结果

对应地貌	生成的随机点图像	重采样	实验提取的高程值
太行山脉		太行山240m Value High : 3048 Low : -15 太行山210m 太行山180m 太行山150m 太行山120m	(Table)
东南丘陵		丘陵240m Value High : 2145 Low : -29 丘陵210m 丘陵180m 丘陵150m 丘陵120m	(Table)

对应地貌	生成的随机点图像	重采样	实验提取的高程值
长江中下游平原	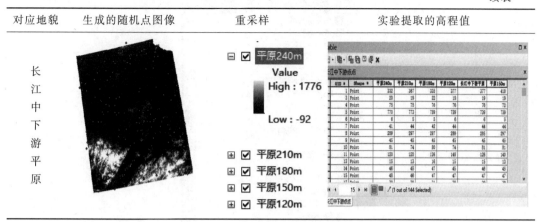		

（4）根据 RMSE 的公式，计算出各种地形中误差，最终结果如表 8.2 所示。

表 8.2 四种地形的中误差

分辨率/m	高原 RMSE	平原 RMSE	丘陵 RMSE	山地 RMSE
120	19.50615	6.792779	16.37091	11.46734
150	22.81961	9.471121	19.14576	13.08534
180	24.92908	10.41276	19.14715	15.93252
210	25.38479	9.614558	19.96964	16.27590
240	25.37273	11.80786	22.97564	18.17082

（5）在 Excel 中拟合误差拟合模型，四种地形分辨率与中误差的关系如图 8.19 所示。

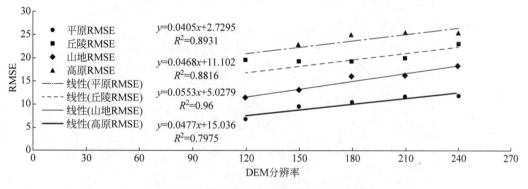

图 8.19 四种地形分辨率与中误差的关系

由分析图 8.19 可知，RMSE 从大到小依次为高原>丘陵>山地>平原。

5. 提取两次坡度（坡度的坡度）

以青藏高原为例：

（1）在 ArcToolbox 中打开"数据管理工具"，选择"栅格|栅格处理"，如图 8.20 所示。

（2）进行参数设置，单击"OK"按钮，提取 DEM 坡度变率信息（求两次坡度），具体如图 8.21 和图 8.22 所示。

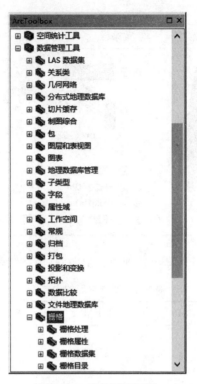

图 8.20 坡度提取面板

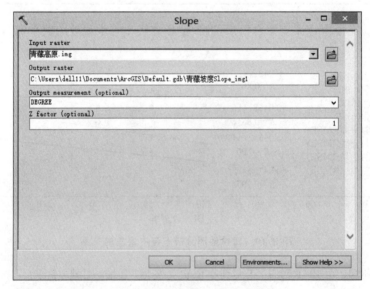

图 8.21 坡度变率提取界面

（3）多值提取至点：在 ArcToolbox 中打开 Spatial Analyst 工具，选择"提取分析|多值提取至点"，出现对话框，如图 8.23 和图 8.24 所示。

（4）重复上述步骤，对各种地形数据进行处理，并将其计算结果导入至 Excel 中做后续数据处理，具体结果如图 8.25 所示。

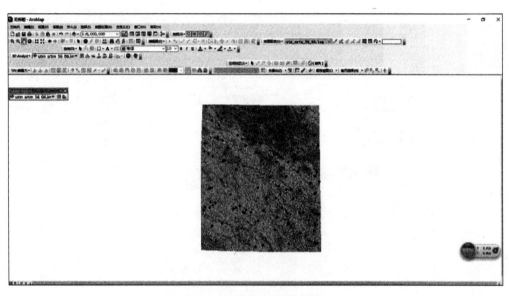

图 8.22 坡度变率提取结果

图 8.23 多值提取至点面板

本章提示 3：在观察图 8.25 中属性表的高程值时要舍去误差较大的点，因为这类点属于粗差点。

图 8.24　多值提取至点界面

1	Slope高原	Slope丘陵	Slope太行山	Slope平原
2	1.0118372	0.065198	0.9345734	2.1501586
3	0.2265081	4.1584611	0.1323392	0.3795808
4	2.4378142	0.8552511	0.0866448	0.3829224
5	5.5725775	2.585423	0.8186172	1.0679957
6	2.8209441	1.1925459	0.2852116	0.1033724
7	1.9226978	0.7183063	0.1529567	0.2540383
8	2.3044736	0.3339168	0.2816171	1.8158585
9	4.7233424	4.7930989	0.0850973	0.162219
10	0.6319249	2.2030308	3.2807329	0.3910659
11	0.5213366	4.6766543	0.0378985	1.7533658
12	0.1371987	3.6538277	1.1859225	0.2006965
13	1.035931	5.3047671	3.413337	0.0355157
14	1.3272679	0.3341993	1.9251038	0.0548348
15	0.5479589	0.3602376	0.0410203	0.2131267
16	0.3056856	2.5201659	0	0
17	1.085003	1.8478653	5.6089892	3.8940811
18	0.7156388	2.0216784	2.3635616	0.4432442
19	1.273156	1.5793602	1.161091	0.0984197
20	0.6094915	2.7252655	0.1749285	0.1057657
21	1.4721949	1.874753	1.6921809	3.1782284
22	1.6769028	3.8498929	3.1541548	0.3096005
23	2.0358174	2.4269207	1.7391286	0.2040921
24	0.3953039	1.2919132	0.2669589	0
25	1.651237	1.6672443	2.0240865	0.1839148
26	1.206951	2.446897	6.0790563	0.1561179
27	2.8649657	0.4740869	5.4351339	0.212082

图 8.25　各种地形随机点提取坡度结果

（5）由步骤（4）可知，各种地形中误差与分辨率关系（$y=ax+b$），如表 8.3 所示。

表 8.3　四种地形中误差与分辨率关系

对应地貌	平原	高原	山地	丘陵
函数表达式	$y=0.0405x+2.7295$	$y=0.0477x+15.036$	$y=0.0468x+11.102$	$y=0.0468x+11.102$
R^2	0.8931	0.7975	0.96	0.8816

（6）以系数 a 为因变量，坡度变率 SOS 为自变量，建立系数 a 与 SOS 的相关关系，具体如图 8.26 所示。

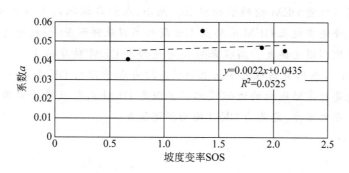

图 8.26　系数 a 与 SOS 相关关系

具体拟合公式如下：

$$y_1 = 0.0022x + 0.0435$$

$$R^2 = 0.0525$$

（7）以系数 b 为因变量，坡度变率 SOS 为自变量，建立系数 b 与 SOS 的相关关系，具体如图 8.27 所示。

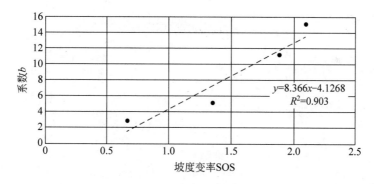

图 8.27　系数 b 与 SOS 相关关系

具体拟合公式如下：

$$y_2 = 8.366x - 4.1268$$

$$R^2 = 0.903$$

（8）设在 90m 分辨率（原始数据）下的中误差为 $\text{RMSE}_t = y_1 R + y_2$；其中 y_1 为系数 a 与 SOS 的线性方程，y_2 为系数 b 与 SOS 的线性方程，代入中误差 RMSE_t，最终中误差与分辨率以及坡度变率的关系为

$$\text{RMSE}_t = (0.0022x + 0.0435)R + 8.366x - 4.1268$$

其中，x 为坡度变率，R 为不同分辨率。

结论：R^2 越大说明曲线拟合度越好反应 RMSE 与地形的起伏高度呈拟合较好的线性关系，地形起伏越大，均方根误差越大，显著性系数越小，显著性越高，显著性系数大于 0.05 时，模型较差。地形相同的地貌，重采样结果越大，地形起伏越大，RMSE 的结果越大，呈明显的线性关系。

本章提示 4：DEM 精度是指所建立的 DEM 对真实地面描述的准确程度。DEM 误差的大小被普遍视为衡量 DEM 精确性的标准。然而,人们在该问题上存在着明显的片面认识。以往的研究普遍重视在 DEM 采样点上出现的高程采样误差,而相对忽视由于 DEM 离散采样所造成的地形描述误差。高程采样误差是影像 DEM 精度的重要因素,但绝不是唯一因素。即使 DEM 在所有高程采样点上的误差均为 0,有限的 DEM 栅格采样点所构成的高程模型也只能是对实际地面的近似模拟。若假定 DEM 高程采样误差为 0 的条件下,模拟地面与实际地面之差异,定义为 DEM 地形描述误差。

实验项目大纲

实验项目 1——桌面 GIS 的功能与菜单操作

一、实验内容

（1）了解 ArcGIS 软件的界面、功能及菜单操作。

（2）实现图层简单符号化。

二、实验目的

（1）通过 ArcGIS 实例演示与操作，初步掌握主要菜单、工具条、命令按钮等的使用。

（2）加深对课堂学习的 GIS 基本概念和基本功能的理解。

三、实验数据

GIS_data/Data1

实验项目 2——GIS 数据采集

一、实验内容

（1）栅格图像配准。

（2）屏幕跟踪数字化。

二、实验目的

（1）了解地图配准的概念及原理。

（2）掌握 ArcMap 中栅格地图配准的方法。

（3）掌握 ArcMap 中栅格数据矢量化的流程。

（4）掌握点、线、面各种要素类型的基本编辑方法。

三、实验数据

GIS_data/Data2

实验项目 3 ——GIS 数据处理

一、实验内容

（1）数据格式变换，将数据从 CAD 格式转换为 ArcGIS 的 shape 格式。

（2）投影变换,在 ArcGIS 中进行数据的投影定义和变换。

（3）空间数据插值。

二、实验目的

（1）了解 GIS 数据处理的主要方法,加深理解理论课上所学的基本原理。

（2）掌握数据格式转换、投影变换和空间数据插值的方法及应用。

三、实验数据

GIS_data/Data3

实验项目 4——GIS 地形分析

一、实验内容

（1）构建 DEM。

（2）在 DEM 上提取坡度、坡向以及面积量算。

（3）绘制剖面线。

（4）计算挖方、填方。

（5）三维可视化。

二、实验目的

（1）了解和掌握数字高程模型的建立方法,为地形分析做准备。

（2）掌握由数字高程模型生成坡度、坡向专题图的方法,了解重分类的意义、剖面图的绘制、工程填和挖方量的计算及三维显示等地形分析方法。

三、实验数据

GIS_data/Data4

实验项目 5——GIS 网络分析和缓冲区分析

一、实验内容

（1）最短、最佳路径的 GIS 网络分析。

（2）GIS 缓冲区分析。

二、实验目的

（1）了解网络的概念,选择最优路径、资源调配以及地址匹配等,实现 GIS 网络分析及应用。

（2）根据地理对象点、线和面的空间特性,自动建立对象周围一定距离的区域范围（缓冲区域）,综合分析某地理要素（主体）对邻近对象的影响程度和影响范围,掌握 GIS 缓冲分析及应用。

三、实验数据

GIS_data/Data5

实验项目 6——GIS 叠加分析

一、实验内容

（1）图层叠加分析。

（2）属性数据的计算。

（3）表格的连接和关联。

（4）适宜性分析。

二、实验目的

（1）了解和掌握叠加分析方法及表格数据的处理，加深对叠加分析原理的理解。

（2）了解如何综合利用空间分析方法解决实际问题，并提供决策支持。

三、实验数据

GIS_data/Data6

实验项目 7——GIS 地图设计与输出

一、实验内容

（1）基础地图的编制。

（2）专题地图的编制。

（3）系列图的生成。

（4）数字地图输出。

二、实验目的

（1）巩固地图学基础知识。

（2）掌握用 GIS 工具实现数字地图布局设计和输出。

三、实验数据

GIS_data/Data7

实验项目 8——DEM 的研究应用

一、实验内容

不同 DEM 数据误差模型估算。选用不同地区典型地貌的影像重采样成若干幅不同分辨率的影像，提取各个影像随机点的高程值计算均方差值（RMSE）误差，最后用影像的分辨率和 RMSE 做线性回归分析得出对应的曲线图并分析结果。

二、实验目的

通过实验了解 DEM 精度以及 DEM 误差的大小问题。构建不同 DEM 数据误差模型及评估方法，为进一步学习 GIS 打下基础。

参 考 文 献

牟乃夏,刘文宝,等.2012.GIS 应用与开发丛书·ArcGIS 10 地理信息系统教程:从初学到精通[M].北京:
    测绘出版社.

汤国安,杨昕,等.2012.地理信息系统空间分析实验教程[M].2 版.北京:科学出版社.

汤国安,钱柯健,熊礼阳,等.2017.地理信息系统基础实验操作 100 例[M].北京:科学出版社.

张康聪.2006.地理信息系统导论[M].3 版.陈健飞,等译.北京:科学出版社.

张新长,辛秦川,何广静,等.2017.地理信息系统实习[M].北京:高等教育出版社.

张书亮,戴强,等.2020.GIS 综合实验教程[M].北京:科学出版社.

BOLSTAD P. 2005. GIS fundamentals: a first texton geographic information systems[M]. 2nd Edition.
    [Minnesota]: Eider Press.

ESRI. 2010. ArcGIS 10 Help[M]. Redlands: ESRI Inc.